KB058112

하루 3분 과학

DAREKA NI OSHIETAKUNARU KAGAKU NO ZAKKAKU

외울 필요 없이 술술 읽고 바로 써먹는

하루 3분 과학

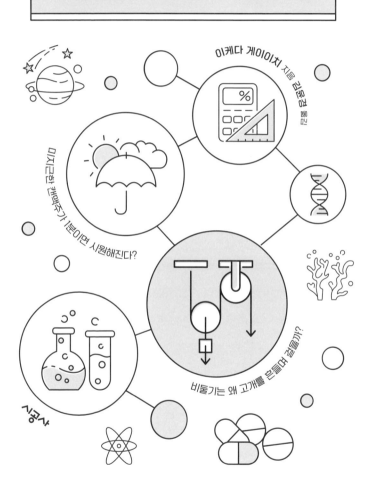

이케다 게이이치 지음 김윤경 옮김

미지근한 맥주가 1분이면 시원해진다?

비둘기는 왜 고개를 흔들까?

시공사

소용돌이의 중심에 막대가 있는 이 그림은 관측과 이론을 바탕으로 은하계(하늘의 강이라 하여 '은하수'라고도 부른다)를 상상해 그린 그림이다. 1990년대까지는 단순한 형태의 '소용돌이 은하spiral galaxy●'로 알려졌지만, 그 후 관측 기술이 발달하면서 중심에 막대 모양의 구조가 있는 '막대나선은하barred spiral galaxy'라는 사실이 밝혀졌다.

SF 애니메이션이나 만화에서 자주 보던 단순한 은하계는 이제 과거 속으로 사라졌다. 은하계뿐 아니라 다양한 분야에서 우리가 알고 있던 과학 상식은 여러 차례 뒤집혔다. 지금껏 잡학으로서 습득해온 지식이 이미 낡거나 잘못된 정

● 나선은하 또는 정상나선은하라고도 한다.

보일 수도 있다. 신체를 둘러싼 주변 상식부터 우주에 관한 최신 정보까지 자신이 알고 있는 잡다한 과학 지식을 새롭게 바꿔가면 당신은 진정한 잡학 박사로 거듭날 수 있다.

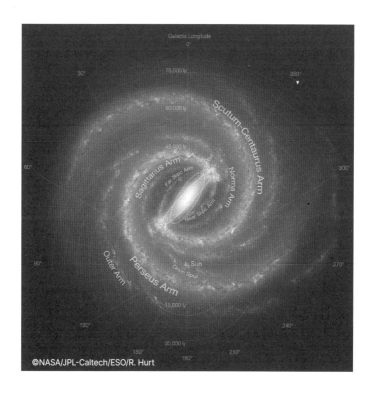

©NASA/JPL-Caltech/ESO/R. Hurt

차례

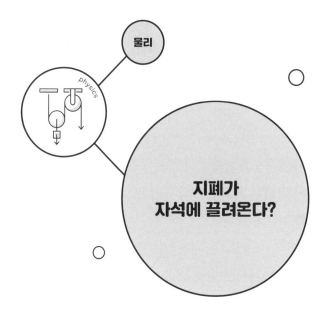

물리

physics

지폐가 자석에 끌려온다?

누구나 별다른 노력을 들이지 않고 손쉽게 이득을 본 경험이 있을 것이다. 손을 뻗기만 해도 지폐가 들러붙는다면 얼마나 좋을까? 물론 그런 경험을 하기는 쉽지 않겠지만 비슷한 체험을 할 수는 있다. 초강력 자석만 있으면.

오늘날 발행되는 지폐에는 불법 복제를 방지하기 위한 여러 가지 위조 방지 장치가 도입되어 있다. 자세한 내용은 위조 방지 차원에서 공표되지 않고 있지만 몇 가지 알려진 기술만 언급하면 워터마크˚, 미세 문자˚˚, 홀로그램˚˚˚ 등 육안으로

˚ 복제 방지 기술로, 빛을 비추면 숨어 있는 그림이나 글자가 나타나는 기술.
˚˚ 컬러복사기로 재현하거나 육안으로 확인하기 어렵게 작은 크기로 인쇄한 글자.
˚˚˚ 지폐를 기울이면 각도에 따라 모양이 나타나는 기술.

볼 수 있는 기술과 육안으로 볼 수 없지만 현금 자동 입출금기ATM나 자동판매기의 적외선 센서와 자기 센서에만 반응해 위조지폐 여부를 판별하게 하는 특수 잉크 기술이 있다.

또한 같은 색으로 보이는 인쇄 면에도 실제로는 적외선을 흡수하는 부분과 흡수하지 않는 부분이 있고, 자기력에 반응하는 부분과 반응하지 않는 부분이 있다. 이러한 기능을 가능하게 하는 재료가 바로 극소량의 철을 함유한 자성磁性 잉크다.

지폐에 자성잉크를 사용했는지는 비교적 쉽게 확인할 수 있다. 인터넷에서 초강력 '네오디뮴 자석neodymium magnet'을 구매한 다음 아래 방법을 따라 해보자.

① 지폐를 반으로 접어 한쪽을 깃발처럼 세우고 책상 같은 평평한 표면에 올려놓는다.
② 지폐에서 색깔이 짙은 부분에 네오디뮴 자석을 가까이 댔다가 다시 천천히 뗀다.

지폐가 자석에 끌려 조금씩 움직인다. 다만, 지폐에 사용된 자성잉크는 극히 소량이어서 네오디뮴 자석으로 끌어당길 수는 있지만 들어올릴 수는 없다.

14

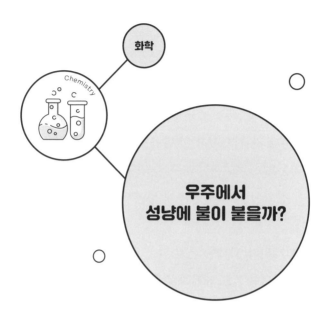

화학

Chemistry

우주에서 성냥에 불이 붙을까?

한동안 좀처럼 성냥을 볼 기회가 없었지만 다루기 간편하고 오래 보관할 수 있다는 점에서, 그리고 바람이 불 때도 점화할 수 있는 방수나 방풍 성냥의 등장으로 서바이벌 키트, 방재용품, 아웃도어 제품으로서 성냥이 새롭게 주목을 받고 있다. 그렇다면 궁극의 서바이벌 공간이라고 할 수 있는 진공 상태의 우주에서도 성냥에 불을 붙일 수 있을까?

답은 '그렇다'다. 끝 쪽에 약제가 발려 있는 성냥 머리 부분은 유황 등의 '가연제'와 고온이 되면 산소가 나오는 염소산칼륨potassium chlorate 등의 '산화제'를 섞어서 아교로 고착시킨 것이다.

성냥 머리를 성냥갑 한쪽 면의 까끌까끌한 부분에 마찰시키면 그곳에 발려 있는 '발화제(환원제)'가 마찰열로 성냥 머리에 불이 붙는다. 이렇게 성냥 머리에 점화된 불을 태우고자 하는 나무나 종이에 옮겨 붙이는 것이 성냥의 발화 원리다.

일반적으로 연소 작용에는 타는 물질인 가연제와 산소 그리고 온도가 필요하다. 성냥은 이 세 가지 요건을 갖추고 있기 때문에 진공상태인 우주 공간에서도 불이 붙는다. 이는 불꽃이 점화된 폭죽을 물속에 넣어도 계속 타는 것과 같은 이치다.

가연제와 산화제를 굳혀 만든 조합은 중형 로켓 '엡실론 epsilon*'의 고형 연료 엔진과 같다(가연제와 고착제로는 알루미늄 분말과 부타디엔butadiene계 고무, 산화제로는 과염소산암모늄을 사용했다). 우주에서 연소해 추진력을 얻은 로켓처럼, 성냥 머리도 진공상태인 우주에서 연소한다. 하지만 염소산칼륨이 산소를 발생시키는 동안에만 불꽃이 일어난다. 성냥 머리 부분이 다 타면 불꽃은 쓱 꺼진다.

●　2013년 일본이 자체 개발에 성공한 3단 고체 연료 로켓.

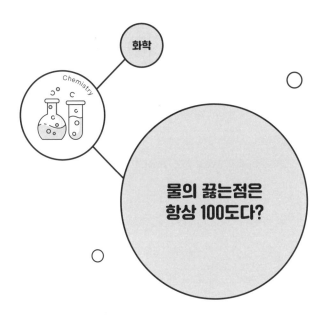

화학

Chemistry

물의 끓는점은
항상 100도다?

　물의 끓는점(비점, 즉 물이 끓기 시작하는 온도)은 대략 섭씨 100도다. 한국, 일본을 비롯해 유럽 대부분의 국가에서 사용하는 온도 지표 '섭씨(셀시우스도. 단위 기호는 ℃)'는 물의 끓는점을 100도로, 응고점을 0도로 하고 그 사이를 100으로 균등하게 나눈다. 등분했을 때 한 부분을 1도라고 한다. 이 정의는 스웨덴의 천문학자 안데르스 셀시우스Anders Celsius가 1742년에 고안한 온도 지표를 기준으로 이루어졌다.

　한편 미국과 일부 국가에서는 '화씨(파렌하이트도. 단위 기호는 ℉)'를 사용한다. 화씨는 물의 끓는점을 212도, 응고점을 32도로 정하고 그 사이를 180도로 등분(각도 180도가 기준)한 온도 지표로, 독일 물리학자 가브리엘 파렌하이트Gabriel

Fahrenheit가 1724년에 고안했다. 그래서 미국은 학교에서 물의 끓는점을 212도라고 가르친다.

좀 더 정확하게 말하면, 아무것도 섞이지 않은 순수한 물(담수)은 1기압(1013.25헥토파스칼hectopascal, hPa)일 때 끓는점이 100도다.

바닷물과 같이 물에 무엇인가 섞여 있으면 끓는점은 상승하고 응고점은 낮아진다. 바닷물의 끓는점은 100.7도다. 그리고 기압이 1보다 낮아지면 끓는점과 응고점이 모두 내려간다. 일본 후지산 정상(해발고도 3776미터m)은 평균 기압이 630헥토파스칼로, 지표의 60퍼센트% 정도밖에 되지 않는다. 그래서 후지산 정상에서 물의 끓는점은 37도다.

후지산 정상에서는 아무리 화력을 올려도 물이 37도에서 끓기 때문에 물의 온도가 그 이상 올라가지 않는다. 차를 끓이기에 딱 좋은 온도지만 음식을 조리하는 데는 적합하지 않다. 그래서 높은 산에서 조리할 때는 끓는 물의 온도를 100도 가까이, 또는 그 이상으로 올릴 수 있는 압력 냄비를 사용하는 것이다.

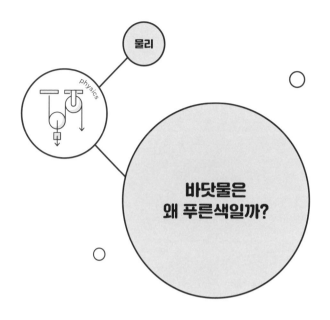

물리

physics

바닷물은
왜 푸른색일까?

여름이 다가오면 푸른 바다가 펼쳐지는 남쪽 나라의 모습을 전면에 내세운 여행 광고를 자주 볼 수 있다. 그러고 보니 컵에 든 물은 무색투명한데 바닷물은 왜 푸른색일까?

사실 그 이유는 바다에 있는 대량의 물과 빛의 성질이 깊이 관련되어 있기 때문이다. '태양광(백색광)'에는 빨간색, 주황색, 노란색, 초록색, 파란색, 남색, 보라색 등 모든 색이 섞여 있다. '물'은 태양광 가운데 붉은색 계열의 빛을 흡수해 열로 바꾸는 성질이 있다. 따라서 물에 잘 흡수되지 않는 푸른색 계열의 빛이 물속에서 잘 통과하는 것이다.

바다에 다이빙하거나 10미터 정도 깊숙이 들어가면 수중 세계가 파랗게 펼쳐지는 것도 이러한 연유에서다. 푸른색 계

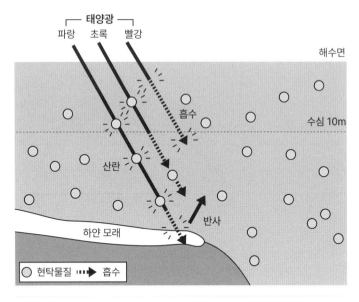

현탁물질이나 바다 밑바닥의 모래에 푸른빛만 반사된다.

열의 빛이 바닷속 플랑크톤이나 현탁물질懸濁物質 혹은 바다 밑바닥의 모래에 반사되어 푸르게 보인다. 남쪽 바다가 유난히 푸르게 보이는 것은 산호가 잘게 부서져 생긴 하얀 모래가 많다 보니 바다 밑바닥이 빛을 잘 반사하기 때문이다.

바다뿐 아니라 호수와 하천이 푸르게 보이는 것도 같은 이유에서지만 염분의 농도나 플랑크톤의 색깔, 하천에서 유입되는 현탁물질, 수온 등 환경의 영향에 따라 색깔에 다소 차이는 있다. 연안해가 약간 초록색으로 보이는 까닭은 육지에서 흘러 나오는 미네랄 성분을 영양분으로 섭취하는 녹색의 식물플랑크톤이 많기 때문이다. 한편 육지에서 멀리 떨어진 바다는 바닷물의 투명도가 높고 해저가 깊어 거무스름하게 보인다.

또한 바다가 푸른색을 띠는 데는 하늘의 빛깔도 조금 관련되어 있다. 맑고 푸른 하늘 아래에서는 바다가 더욱 푸른색으로 보이지만, 구름 낀 하늘 아래에서는 약간 회색으로 보인다. 바닷물의 표면이 하늘의 색깔을 반사하기 때문이다.

해안가 벼랑 위나 비행기 또는 배 위에서 해수면을 내려다보면 물에 붉은빛이 흡수되고 푸른빛만 반사되기 때문에 푸르게 보인다. 모래사장에 서서 해수면을 낮은 각도에서 바라볼 때는 물에 반사되는 빛이 더욱 강해지므로, 더 멀리 보이는 하늘의 푸른색이 해수면에 비쳐 푸르게 보인다. 이렇듯 바다를 바라보는 각도에 따라 바다의 푸른색도 조금씩 다르다. 바다가 푸르게 보이는 이유를 간단하게 정리하기는 어렵다.

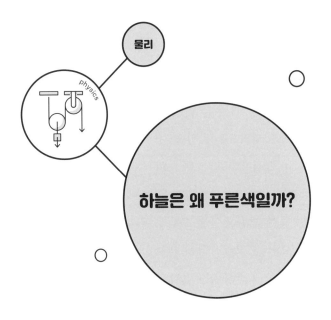

물리

physics

하늘은 왜 푸른색일까?

하늘이 푸른 이유는 바다가 푸른 이유보다 더 복잡하다. 태양광(백색광)이 바닷물이 아닌 공기와 관련되어 있으며, 빛의 성질이 더욱 깊이 관계하고 있다.

지구의 대기는 78퍼센트의 질소와 21퍼센트의 산소로 구성되어 있다. 나머지 1퍼센트가 아르곤과 이산화탄소, 네온, 헬륨 등으로 이루어져 있지만 이들 원소는 하늘의 색깔과 무관하다. 또한 대기에는 수증기도 다량 함유되어 있는데, 수증기도 기체이므로 하늘의 색깔과는 아무런 관계가 없다. 바다는 물이 붉은빛을 흡수하기 때문에 푸른색을 띤다. 하지만 공기는 어느 색의 빛도 흡수하지 않아 투명하다.

공기의 색깔에 영향을 미치는 요소는 기체 분자의 크기

와 빛의 산란이다. 빛의 산란이란 불투명한 유리 표면 등 작고 울퉁불퉁한 부분에 부딪힌 빛이 사방으로 흩어져 전체가 하얗고 밝게 보이는 현상을 말한다. 구름이 흰색인 까닭은 구름을 형성하고 있는 작은 물방울과 얼음 알갱이가 태양의 백색광을 산란하기 때문이다. 이렇게 빛보다 큰 물질이 일으키는 산란을 '미 산란Mie scattering'이라고 한다.

반면에 빛이 그 파장과 같은 정도이거나 더 작은 입자에 부딪히면 '레일리 산란Rayleigh scattering'이라는 특수한 방식으로 산란한다. 공기의 기체 분자는 눈에 보이는 빛, 즉 가시광의 파장보다 약간 작기 때문에 레일리 산란을 일으켜 파장이

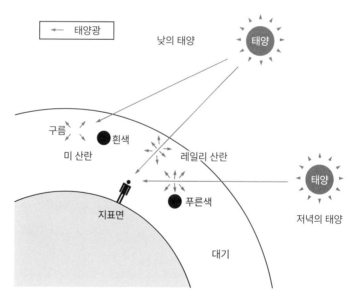

하늘의 푸른빛은 레일리 산란으로 나타난다.

짧은 빛이 더욱 산란하고 주위로 퍼진다. 보랏빛이나 남빛이 하늘에 가득 차는 것이다.

게다가 사람의 눈에 색이 어떻게 보이느냐 하는 메커니 즘과도 관련이 있다. 지표면에 도달하는 가시광은 녹색부터 노란색까지의 파장이 강하고, 그보다 파장이 짧은 보라색이 나 파장이 긴 빨간색은 파장이 약하다. 인간의 눈도 이에 맞 춰 녹색 파장에 대한 감수성이 높아졌기에 녹색을 보면 안정 감을 느낀다.

레일리 산란으로 강하게 나타나는 보랏빛과 남빛, 지표 면에 도달해 사람의 눈에 잘 보이는 녹색빛으로 하늘은 두 빛깔의 중간인 파란빛으로 보인다. 그리고 아침 해나 석양이 유난히 붉게 보이는 까닭은 태양이 기울면서 대기층을 비스 듬하고 길게 통과할 때 우리 눈에 레일리 산란으로 일어나는 보랏빛, 남빛, 파란빛이 아닌 나머지 빛(노란빛~빨간빛)을 보 이기 때문이다. 더욱이 공기 중에 미세한 먼지나 티끌이 많으 면 파장이 긴 붉은빛이 잘 통과해 더욱 붉게 보인다.

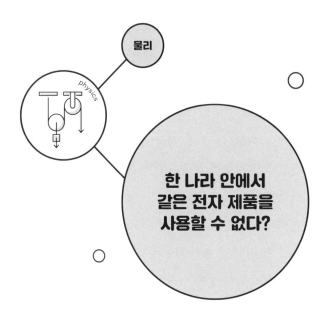

물리

physics

한 나라 안에서
같은 전자 제품을
사용할 수 없다?

일본의 각 가정으로 송출되는 전기는 100볼트V의 전압으로 교류된다. 교류란 한 가닥의 전선에 플러스와 마이너스 전기가 교대로 송출되는 것을 뜻한다. 건전지는 직류이므로 플러스와 마이너스를 1초 동안 50회(동일본*) 혹은 60회(서일본**) 교차한다. 왜 동일본과 서일본에서 전류를 바꿔 넣는 횟수가 다를까?

그 경위를 알아보려면 직류, 교류의 송전 분쟁이 일어난 약 130년 전으로 거슬러 올라가야 한다. 발명가 토머스 에디슨Thomas Edison은 백열전구를 발명한 당시부터 전등 시스템을

＊　도쿄를 중심으로 한 일본의 동쪽, 관동関東 지역.
＊＊　오사카를 중심으로 한 일본의 서쪽, 관서関西 지역.

기초로 한 발전發電과 송전, 배급까지 생각했다고 한다. 실제로 미국 일부 지역에서는 전등(백열전구)에 최적인 약 110볼트를 기준으로 송전 시스템을 구축해 운용하기 시작했다.

하지만 전기망이 발달하자 직류 송전의 효율성이 낮다는 사실이 밝혀졌다. 그 후 영국에서 교류 방식이 생겨났고, 미국의 발명가 니콜라 테슬라Nikola Tesla를 중심으로 한 연구진의 지지에 힘입어 교류 송전 시스템이 널리 확산되었다. 결국 생산비와 안전성 측면에서 니콜라 진영의 주장이 받아들여져 전선 한 가닥에 플러스와 마이너스 전기가 교대로 송출되는 교류 시스템이 주류로 자리 잡게 되었다. 이때 1초 동안 플러스와 마이너스가 교차하는 횟수를 나타내는 주파수의 단위를 헤르츠Hz라고 한다.

전등에는 깜빡거리는 것을 없애기 위해 100헤르츠 정도의 높은 주파수가 필요하고, 발전기나 모터에는 25헤르츠의 낮은 주파수가 필요하다. 따라서 공업이 발달한 영국과 독일에서는 25의 배수인 50헤르츠로 통일되었고, 미국은 60헤르츠로 통일되었다. 일본에서 전력의 발전과 송전 시스템을 도입한 것은 그 이후다.

1896년 도쿄전력東京電力의 전신인 도쿄전등東京電燈이 독일에서 50헤르츠의 발전기를 수입했고, 오사카전등大阪電燈은 같은 해 미국에서 60헤르츠의 발전기를 수입해 사용하기 시작했다. 얼마 지나지 않아 도쿄와 오사카 주변에도 전력 시스템이 차례로 보급되었는데, 같은 주파수를 사용해야 상호 송배전이 용이하다 보니 결국 도쿄를 중심으로 한 동쪽 지역과 오사카를 중심으로 한 서쪽 지역의 전력 시스템 세력이 이분되고 말았다.

이 두 세력의 경계선은 시즈오카현을 가로지르는 후지강富士川에서 일본 알프스˙를 거쳐 니가타현의 이토이가와糸魚川 부근으로 이어진다. 따라서 이 경계를 사이에 두고 동쪽은 50헤르츠, 서쪽은 60헤르츠의 전력을 사용하는 것이다. 이후 주파수를 통일하자는 의견이 여러 번 제기됐지만 전력 시스템을 통일하는 데 필요한 개수 공사 비용이 그때마다 점점 증가해 현재는 도저히 감당할 수 없는 상황에까지 이르렀다.

한 국가 내에서 전기 주파수가 다른 경우는 매우 드물다. 게다가 50헤르츠에서 사용하는 가전제품을 60헤르츠에서 사용하거나 또는 반대 상황이 되면 문제가 발생한다. 요즘 출시하는 대부분의 가전제품은 두 가지 주파수에서 모두 쓸 수 있지만 그래도 사용 전에 미리 확인하는 것이 좋다.

˙ 일본 혼슈 중앙부를 차지하는 히다산맥, 기소산맥, 아카이시산맥의 총칭.

biology

차가운 음식을 먹으면
왜 머리가 띵할까?

빙수나 아이스크림과 같이 찬 음식을 먹은 직후에 콧속이나 눈가 또는 머리가 죄어오는 듯한 통증을 느낄 때가 있다. 누구나 한 번쯤은 몇 분 지나면 사라지는 이 통증을 경험한 적이 있을 것이다. 이 증상을 의학 용어로 '아이스크림 두통ice-cream headache'이라고 한다.

찬 것을 먹으면 머리가 아픈 원인으로 여러 가지 설이 제기되고 있는데, 일반적으로 다음 두 가지가 연관되어 있다고 알려져 있다. 하나는 찬 음식이 목을 통과할 때 목에서 안면으로 통하는 삼차신경trigeminal nerve을 자극하는데, 뇌가 이 자극을 통증으로 인식한다는 것. 다른 하나는 위턱의 안쪽이 차가워지면 신체는 체온이 내려간다고 착각해 체온을 높이려고 혈류를 증가시키기 때문에 혈관이 넓어져서 아픔을 느낀다는 것이다.

아이스크림 두통은 개인마다 겪는 고통의 강도가 다르며, 그중에는 비록 짧은 시간이기는 해도 통증을 크게 느끼는 사람도 있다. 찬 음식을 먹기 전에 냉수를 조금 마셔서 입안을 차가운 온도에 적응시키면 아이스크림 두통이 덜하다는 견해도 있으니 한번 시도해보면 어떨까.

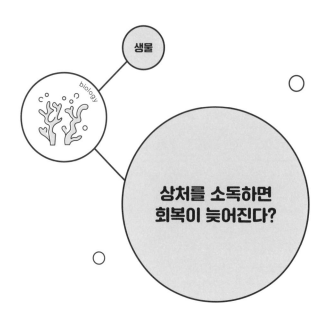

생물

biology

상처를 소독하면
회복이 늦어진다?

어릴 때 길에서 넘어지는 바람에 손이나 무릎이 까져서 옥시돌oxydol(연한 과산화수소수)로 소독을 하면 상처 부위가 쓰라리고 작은 거품이 뽀글뽀글 올라오던 기억이 있을 것이다.

소독은 피부에 항상 있는 세균이나 토양에 존재하는 세균 같은 잡균의 감염을 막기 위한 '살균' 행위다. 약제의 작용으로 세균이 활성을 잃게 되지만, 그와 동시에 피부 세포에도 손상을 입힌다. 상처 입은 자리가 따끔거리는 것은 약제 성분이 말초신경을 자극하기 때문이며, 상처에서 배어 나오는 림프lymph액이나 혈액이 옥시돌과 반응해 산소 거품이 생성되는 것이다.

사실 이 소독 행위는 좋은 세포든 나쁜 세포든 가리지 않고 상처 부위를 공격한다. 따라서 상처를 치유하는 인체의 면역 세포에도 손상을 입히기 때문에 상처 치유가 늦어지는 데다 완치된 후 흉터가 남기도 했다. 이러한 부작용이 알려지자 '상처는 소독하지 말아야 한다'는 지침이 상처 치료의 주요 방법으로 여겨지게 되었다.

그렇다면 현재 주로 시행하는 치료법은 무엇일까? 우선 상처 부위를 흐르는 물로 깨끗이 닦아 흙과 모래를 떨어내고 출혈이 있다면 눌러서 지혈한다. 그런 다음 상처 부위가 건조해지지 않게 통기성 좋은 습윤 밴드를 붙여 보호한다. 살균 역할은 인체의 면역 세포에 맡기고 약을 사용할 때는 세균의 번식을 억제하는 항생물질(항균제)만을 쓴다.

상처 부위가 건조해지지 않게 하는 이유는 청결하고 촉촉하게 유지해야 인체의 면역 세포가 더욱 활성화되어 상처 치유도 빨라지기 때문이다. 최근에는 이처럼 '자연 치유력'을 높여 상처를 치유하는 방법을 적용한 반창고도 시판되고 있다.

생물

biology

심장은 왜
암에 잘 걸리지 않을까?

　전 세계 주요 사망 원인 중 하나가 암, 즉 '악성종양'이다. 암세포는 세포분열을 할 때 유전자 복제의 오류가 거듭되어 인체의 일부 세포가 계속 증식하는 성질을 갖게 된 것이다.

　본래 장기나 기관의 세포에는 각각 독자적인 세포분열 주기가 있어 전신이 균형 있게 조율되어 있다. 암세포는 그 주기에서 벗어나 증식을 계속한다. 인체 내에 있으면서도 살아가는 데 필요한 영양분을 가로채 세포분열을 한다. 또한 다른 장기와 혈관을 압박할 정도로 커지기도 하면서 인체와는 별개의 생물처럼 제멋대로 활동하기 때문에 '악성신생물 malignant neoplasm'이라고도 부른다.

　인체의 세포 가운데서도 신진대사가 활발하고 세포분열

의 빈도가 높은 조직일수록 유전자 복제 횟수가 많으므로 암세포가 되기 쉽다. 위와 장의 점막에 암이 잘 발생하는 것도 바로 그런 연유에서다. 유전자 복제 오류가 축적될수록 암을 유발하므로 나이가 들면서 암 발병률도 점점 높아진다.

그런데 심장(심근 세포)만은 암에 걸리지 않는다. 심근 세포는 생후 즉시 증식을 멈춰, 성장해도 개수가 늘어나지 않는 상태가 된다. 따라서 유전자를 복제하는 일이 없어 당연히 복제 오류도 일어나지 않기 때문에 암세포로 진행되지 않는 것이다.

단, 심장에 암이 생기지는 않지만 다른 조직에서 발생한 암이 심장으로 전이될 수는 있다. 또한 세포분열을 하지 않는다는 말은 자연 치유가 되지 않는다는 뜻이기도 하다. 심근경색이나 특발성 심근증으로 심근에 장애가 발생하면 중증 심부전에 걸려 사망에 이른다. 일본인의 사망 원인 가운데 2위는 심장 질환이다. 암으로 변이되지 않는다 해도 심장 질환은 무섭다.

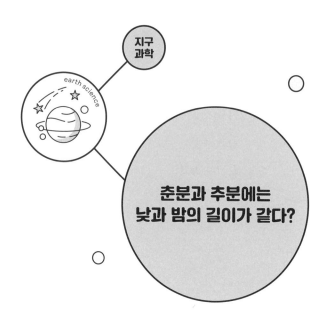

춘분과 추분에는
낮과 밤의 길이가 같다?

달력상으로는 겨울에서 여름으로 바뀌는 경계가 '춘분春分'이고, 여름에서 겨울로 바뀌는 경계가 '추분秋分'이다. 춘분과 추분에는 낮과 밤의 길이가 같다고 알려져 있지만 사실 그렇지 않다. 실제로는 춘분도 추분도 모두 평균적으로 낮이 밤보다 14분 정도 길다. 그 이유를 알아보려면 낮과 밤의 정의부터 살펴봐야 한다.

낮은 일출부터 일몰까지의 시간, 밤은 일몰부터 일출까지의 시간이다. 일출은 지평선 또는 수평선에서 태양이 처음 빼꼼 나오는 순간(태양의 위쪽이 지평선과 맞닿았을 때)이며, 일몰은 태양이 지평선으로 완전히 숨은 순간을 가리킨다(36쪽 그림 참조). 망원경이 없던 옛날부터 내려오는 관습에 따라 그렇게 정의되어 있다.

　이번에는 태양의 움직임을 생각해보자. 지구가 자전하므로 태양이 천공을 돌고 있는 것처럼 보이는데, 그 속도는 계절과 관계없이 항상 일정하다. 태양이 태양의 지름만큼 이동하는 데는 약 2분이 걸린다. 태양의 가장자리가 지평선 위로 올라갔을 때 또는 내려갔을 때를 일출, 일몰이라고 한다면 춘분이나 추분에도 낮과 밤의 시간이 같아지지만 낮은 그보다 약 1분 빨리, 밤은 약 1분 늦게 찾아온다.

　또 한 가지 '대기의 차이'도 관련이 있다. 지구 대기에 의한 빛의 굴절 효과로 지평선 바로 가까이에서 보이는 빛은 아래로 약간 꺾이게 된다. 따라서 실제로는 지평선 아래 숨어 있지만 태양의 지름만큼 약간 위로 떠올라 보이는 것이다. 이로써 일출이 약 2분 20초 빨라지고, 일몰은 약 2분 20초 늦어진다.

　그 밖의 다른 요인도 종합하면 춘분과 추분에는 일출이 3분 25초 빨라지고, 일몰은 3분 25초 늦어진다. 합하면 약 7분이므로 낮은 12시간보다 7분 길어지고 그만큼 밤은 7분 짧아진다. 결과적으로 낮이 밤보다 14분 정도 길다.

　또한 낮과 밤의 길이가 같아지는 날은 춘분의 나흘 전과 추분의 나흘 후 무렵이 된다. 확실한 사실은 춘분과 추분에 '태양이 정확하게 동쪽에서 떠오르고 정확하게 서쪽으로 진다'는 것이다.

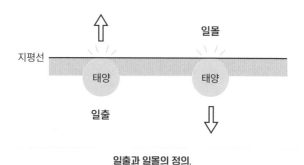

일출과 일몰의 정의.

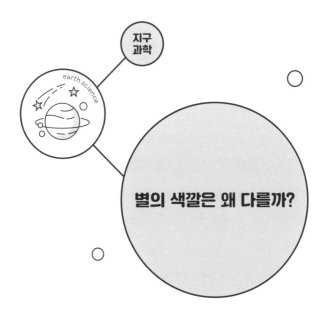

지구
과학

earth science

별의 색깔은 왜 다를까?

겨울의 별자리로 알려진 '오리온자리Orion'를 바라보면 별 3개를 둘러싸고 있는 4개의 별 가운데 왼쪽 위에 있는 베텔게우스Betelgeuse가 유달리 붉게 보인다. 그 옆 동쪽으로는 밤하늘에서 가장 밝은 '시리우스Sirius'가 하얗게 빛나고 있다. 또한 한여름 밤 남쪽 하늘에는 '전갈자리Scorpius'의 붉은 안타레스Antares가 있고, 북쪽 하늘에는 직녀성으로도 불리는 '거문고자리'의 베가Vega가 하얗게 반짝인다.

이 별들은 스스로 빛나는 '항성恒星'이다. 반면 별 가운데서도 태양 빛을 반사해서 빛나 보이는 별을 행성行星 또는 혹성惑星이라고 한다. 지구 가까이에 있는 행성인 '화성火星' 역시 밤하늘에 붉게 보이는 별로 잘 알려졌지만 실제로는 행성

표면의 암석 색깔이 보이는 것뿐이다. 화성 탐사기에서 찍은 화성 사진을 본 적이 있는가. 화성이 붉게 보이는 이유는 산화철과 수산화철이라는 철의 붉은 녹 성분이 많기 때문이다.

그러면 항성에는 왜 색깔의 차이가 있는 것일까. 그 이유는 항성 표면의 온도 차에 있다. 온도가 낮으면 붉게, 온도가 높으면 주황색 또는 노란색으로 보이며 온도가 높아질수록 점차 흰색이나 청백색으로 바뀐다. 대장장이가 철을 단련할 때 뜨겁게 달궈진 철이 빨간색에서 주황색의 빛을 내는 것과 같다.

태양은 표면 온도가 약 5500도이며 약간 흰색에 가까운 노란색으로 보인다. 베텔게우스나 안타레스는 표면 온도가 3200도 정도로 둘 다 붉은색이다. 또한 시리우스는 표면 온도가 약 9700도로 높기 때문에 하얗게 보인다.

항성은 중심 내부에서 수소가 핵융합을 일으켜 방대한 열에너지를 생성한다. 질량이 큰 항성일수록 중력이 강해서 핵융합도 강력해지고 온도도 더욱 높아지지만 그만큼 빨리 연소한다. 그리고 종말에 이르면 항성이 팽창해서 표면 온도가 내려간다. 이렇듯 별의 색깔 차이는 표면 온도와 더불어 항성의 연령(수명)도 드러내고 있다. 일반적으로 청색에서 백색을 띠는 항성이 젊은 별이고, 붉은색으로 갈수록 나이가 많은 별이라고 보면 된다.

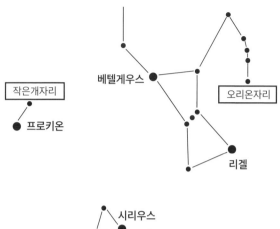

겨울 밤하늘에 보이는 별자리.

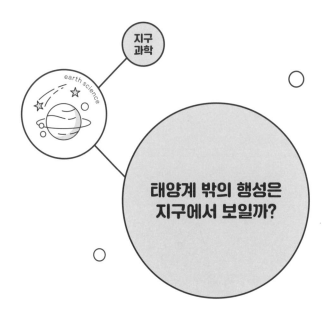

태양계에는 태양에서 가까운 순서로 수성, 금성, 지구, 화성, 목성, 토성, 천왕성, 해왕성, 이렇게 8개의 행성이 있다. 이 가운데 수성, 금성, 지구, 화성은 암석을 주성분으로 한 '지구형(암석) 행성'이며, 목성과 토성은 기체 수소를 주성분으로 한 '목성형 행성(거대 가스 행성)' 그리고 천왕성과 해왕성은 물과 암모니아, 메탄 성분의 얼음으로 이루어진 '천왕성형 행성(거대 얼음 행성)'이다. 2006년까지는 명왕성도 태양계의 행성에 포함되었지만 그 후로는 국제천문연맹IAU의 행성 분류법이 바뀌면서 행성의 지위를 잃고 왜행성으로 분류되었다.

다양한 관측 결과 우주에 흩어져 존재하는 태양 이외의 항성도 이러한 행성계를 갖는다고 알려져 있었지만, 그 사실이 실제로 확인된 것은 1992년의 일이다. 2009년에 우주망원경인 케플러Kepler 탐사기를 쏘아 올리면서 수많은 항성과 행성을 찾아낸 것이다. 케플러 탐사기는 9년 동안 50만 개가 넘는 항성을 관측하고 2600개 이상의 태양계 밖 행성을 발견했다.

이들 태양계 밖 행성에서 가장 궁금한 점은 '생명의 발생'일 것이다. 지구와 상당히 비슷한 태양계 밖의 행성인 '거대지구형 행성super-earth'도 여러 개 발견되었다. 하지만 이들 발견 사례는 항성의 밝기 변화로 '행성이 항성 앞을 가로질렀다'는 것을 추측한 것에 불과하다. 태양계 밖의 행성이 존재하는 것은 분명하지만 실제 눈으로 확인한 것은 아니다.

태양계에 있는 명왕성조차 발견한 시점으로부터 85년 동안 반짝이는 점으로밖에 보이지 않았다. 2015년 뉴허라이즌스New Horizons 탐사기가 거의 10년에 걸쳐 태양계 끝까지 여행하며 지구와 달의 거리보다 2배 정도까지 명왕성에 다가가자 겨우 '표면의 모습이 보였을' 정도다.

빨간 장미에는
왜 가시가 있을까?

"빨간 장미에는 가시가 있다"는 말이 널리 알려져 있지만, 이는 원래 방심하지 말라는 의미로 쓰이는 "아름다운 장미에는 가시가 있다"라는 관용구가 널리 퍼지는 과정에서 잘못 전해진 것이다. 이 잘못된 상식을 과학적으로 고찰해보자.

오늘날 유통되고 있는 장미는 대부분 인위적으로 품종을 개량한 원예종이다. 원종이라고 알려진 식물은 전 세계에 150~200종이 존재하는 '찔레꽃*'이며, 찔레꽃에 가시가 있는 것처럼 장미에도 가시가 있다. 일반적으로 식물의 가시는 잎을 뜯어 먹는 초식동물의 먹잇감이 되지 않기 위한 방어 장

⏺ 학명은 *Rosa multiflora*. 쌍떡잎식물 장미목 장미과의 낙엽관목으로 찔레나무, 가시나무라고도 한다.

치로 발달했지만 장미의 경우는 약간 다르다.

원종 찔레꽃은 줄기가 큰 나무나 바위를 덩굴처럼 휘감아 자라면서 빛을 더욱 많이 받기 위해 위로 뻗어 올라간다. 이때 가시가 있어야 주변의 나무와 바위를 감고 올라가기가 수월해 서로 지탱하면서 무럭무럭 성장할 수 있다. 그 증거로 찔레나무에는 가시가 많지만 아래로 휘어 있고 그 끝이 뾰족하다. 마치 후크와 같은 모양이다. 그리고 원종 찔레꽃은 대부분 흰색과 빨간색이다.

인류는 장미를 인위적으로 교배하여 품종을 개량하면서 크기가 풍성하고 색깔도 더욱 아름다운 꽃을 만들어냈다. 또한 향수의 원료로 사용하기 위해 향기가 진한 품종도 개발해 인기를 끌었다. 물론 가시를 없애는 데 목적을 둔 품종도 개량이 이루어져 현재는 장미인데도 가시가 적거나 아예 없는 품종도 재배되고 있다. 하지만 그 대부분은 노란색이나 흰색 또는 분홍색 장미다. 진홍색 장미로 가시가 없는 품종은 찾아볼 수 없다. 빨간 장미를 키우고 싶다면 아무래도 병충해에 잘 견디는 원종의 강인함과 가시가 함께 어우러진 빨간색 찔레가 필요할지도 모르겠다.

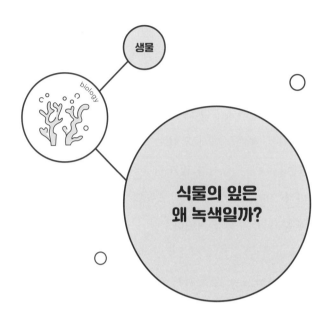

생물

biology

식물의 잎은
왜 녹색일까?

육상식물은 대부분 녹색을 띠고 있다. 잎과 줄기 세포에 광합성을 하기 위한 엽록소chlorophyll가 있는데 그 엽록소가 녹색이기 때문이다. 엽록소는 태양광 중에서도 주로 빨간색과 파란색 빛을 흡수해 에너지로 바꿔 광합성 회로를 작동시킨다. 그래서 광합성에 불필요한 녹색 빛은 반사하기 때문에 잎이 녹색으로 보인다.

공장에서 채소를 인공 재배할 때, 식물에 적색 LED만 비춰도 잘 자란다. 녹색과 파란색 빛이 없어도 괜찮기 때문이다. 적색 LED는 저소비 전력이므로 채소를 키울 때 필요한 조명의 소비 전력을 줄일 수 있다.

한편, 식물 중에서도 바다를 생활 터전으로 삼는 해조류는 육상식물과는 사정이 조금 다르다. 바닷속에는 태양광이 도달하기 어렵고 바닷물이 광합성에 필요한 붉은빛을 흡수하기 때문에 엽록소의 광합성만으로는 부족하다. 그래서 엽록소 외에도 보조 색소를 사용해 적은 양의 빛을 효율적으로 흡수함으로써 광합성을 하고 있다.

수심 3미터까지의 얕은 곳에는 녹색을 띤 '녹조'가 있고, 수심 3~10미터에는 미역이나 모자반, 다시마, 톳 등의 '갈조류', 수심 5~20미터에는 우뭇가사리, 김 등의 '홍조류'가 서식한다. 이렇게 해조류는 종류별로 수심에 따라 각각 다른 곳에서 살고 있다. 깊은 곳에는 녹색이 아닌 광합성 식물도 흔하게 서식한다.

육상식물 중에도 광합성을 하지 않는 것이 있다. 다른 식물의 뿌리에 기생하면서 성장과 번식에 필요한 영양소를 빨아들이는 '완전 기생식물'이다. 식물종 가운데 가장 크고 빨간 꽃을 피우는 라플레시아Rafflesia 는 잎이 없으며, 잎이 있는 야고 는 엽록소가 없기 때문에 전체가 반투명한 황백색을 띠고 있다. '식물이니까 녹색'일 거라는 선입견을 버리자.

열대우림의 덩굴식물에 기생하며 살아가는 식물.
쌍떡잎식물 통화식물목 열당과의 기생식물. 담배대더부살이라고도 한다.

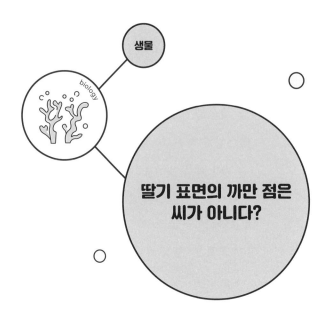

생물

딸기 표면의 까만 점은
씨가 아니다?

덜 익었을 때는 노르스름한 색을 띠었다가 익으면 까맣게 변하는 딸기 표면의 자잘한 점은 과연 무엇일까. 얼핏 씨처럼 보여서 많은 사람이 딸기 씨라고 생각하지만, 사실은 그 까만 알갱이 자체가 '열매(과육)'다.

식물학적으로는 과육이 없고 마른 과일을 '수과瘦果°'라고 하며 그 가운데에 씨(종자)가 들어 있다. 그렇다면 지금까지 딸기의 열매라고만 생각하던 빨갛고 달콤한 부분은 무엇일까?

우리가 먹는 그 빨간 부분은 '위과僞果°°'라고 하며, 꽃잎

° 익어도 껍질이 작고 말라서 갈라지지 않고 그 속에 종자를 갖고 있는 열매.
°° 씨방과 그 이외의 부분이 함께 발육하거나 씨방 이외의 부분만 발육하여 생긴 열매.

을 붙여두는 '꽃받침'이 부풀어 달콤해진 것이다. 본래는 '줄기'로 분류되는 부분이며 딸기의 까만 점, 즉 수과에서 분비되는 식물 호르몬이 꽃받침을 성장시켜 달게 만든다. 그러므로 달고 큰 딸기일수록 까만 점이 많다.

먹을 때는 까만 수과가 꺼끌꺼끌해서 씹는 데 걸리적거릴지도 모르지만 이 수과야말로 달콤한 딸기에 없어서는 안 될 중요한 존재다. 더욱 달콤한 딸기를 먹고 싶다면 까만 점이 많은 것을 고르면 된다.

생물

biology

주사를 맞은 뒤
목욕해도 될까?

옛날에는 위생적이지 않은 욕조나 대중목욕탕에 들어가면 주사 자국을 통한 감염이 우려되었기에 주사를 맞은 후에는 목욕을 하지 말라고 주의를 주기도 했지만, 오늘날에는 어느 의료 기관에서나 주사 맞은 직후가 아니면 목욕을 해도 아무 문제가 없다고 설명한다.

원래 어떤 질환의 치료를 위해 주사나 링거를 놓았다면 의사가 환자의 전신이 어떤 상태인지 살펴보고 나서 목욕을 해도 되는지 판단할 것이다. 치료를 위한 주사를 맞았을 때는 만약의 경우를 대비해 의사에게 물어보고 지시에 따르는 것이 좋다.

그 외에도 건강한 상태에서 실시하는 예방접종 주사가

있다. 가령 독감 백신의 경우 접종 후 한 시간이 경과하면 목욕을 해도 괜찮다고 한다. 대부분은 주삿 바늘을 뽑은 후 5~10분 이내에 지혈되고, 30~40분 후면 주사 흔적이 없어진다. 주사 맞은 자리에 멍이 들거나 출혈이 멈추지 않는 경우가 아니라면 당일에도 목욕할 수 있다.

목욕할 때는 주사 맞은 자리를 문지르거나 비비지 말아야 한다. 다만, 건강한 상태에서 맞은 주사라도 헌혈 등 많은 양을 채혈한 후에는 일시적으로 순환되는 혈액량이 감소한다. 수분이 체내에서 혈관으로 들어가 순환하는 혈액의 양이 원래대로 돌아오기까지 3~4시간은 걸리므로 그 사이에 목욕을 하는 등 땀을 많이 흘리면 탈수 증상이 일어날 수도 있다. 일반적으로 헌혈 후 2시간 동안은 목욕이나 격한 운동을 하지 말라는 이유가 여기에 있다.

생물

관절에서는
왜 소리가 날까?

목을 좌우로 크게 굽혔다가 우두둑 소리에 놀라 '너무 심하게 움직인 건 아닐까?' 하고 걱정한 경험이 누구나 있을 것이다. 손가락 마디의 관절을 가볍게 툭툭 꺾는 사람도 있다. 관절을 세게 꺾으면 왜 큰 소리가 나는지, 그 원인이 무엇인지는 1900년대 초부터 의료 관계자, 생리학자, 물리학자들의 오랜 수수께끼였다.

관절은 뼈(연골)끼리 맞닿아 있는 게 아니다. 그 사이에 액체 형태의 관절액(활액)이 들어 있는 주머니(관절포)가 있어 관절액이 윤활유 작용을 하기 때문에 관절이 부드럽게 움직이는 것이다. 따라서 예전부터 관절을 움직일 때 우두둑 소리가 나는 원인은 이 관절포와 관련이 있다고 한다. 1950년대에 들어서 의학, 특히 뢴트겐(엑스레이) 기술이 발달하자 관절과 '소리'의 관계가 밝혀졌으며 최근에는 다음과 같은 견해가 인정받고 있다.

① 관절을 세게 굽히거나 당기면 관절포가 늘어난다.
② 관절포가 늘어나면 안에 있는 관절액의 압력이 떨어진다.
③ 관절액의 압력이 진공 가까운 상태까지 내려가면 관절액이 증발하여 기포가 생긴다.
④ 마침내 기포가 터지고 그 충격파가 소리로 크게 울린다.

이는 물리와 공학 세계에서 '캐비테이션cavitation°'이라고 불리며 경계해야 하는 현상으로 간주된다. 액체가 심하게 움직이는 자리에서 충격파가 발생해 배의 스크루screw°°나 펌프, 터빈turbine°°° 날개의 파손 원인이 되기 때문이다. 1999년 일본의 H2로켓 8호기가 발사에 실패한 원인은 엔진으로 액체연료를 보내는 펌프의 날개에 캐비테이션이 발생했기 때

° 공동空洞 현상. 액체 속에 공간이 만들어지는 일. 선박의 스크루 회전수가 너무 많아지면 압력이 변화하면서 수증기의 기포가 발생하여 공동이 생기고 이때 스크루의 기능은 떨어진다.
°° 회전축 끝에 나선 면을 이룬 금속 날개가 달려 있어 회전을 하면 밀어내는 힘이 생기는 장치.
°°° 높은 압력의 유체를 날개바퀴의 날개에 부딪치게 함으로써 회전하는 힘을 얻는 원동기.

문이라고 한다.

그런데 2015년에 새로운 견해가 등장했다. 우두둑하고 울리는 소리는 기포가 발생할 때 나는 것이지 기포가 터질 때 나는 소리가 아니라는 주장이다. 2018년에는 소리가 발생한 후에도 관절포 속에 큰 기포가 남아 있다는 사실이 확인되어 새로운 설이 유력해졌다.

그 후로도 기포의 일부가 파열되기만 해도 소리가 난다는 수치 시뮬레이션을 토대로 한 견해가 등장하는 등 여러 가지 설이 끊임없이 제기되고 있다. 심지어 '관절에서 여러 차례 소리가 나는 현상은 해로운가 아니면 괜찮은가?' 하는 물음에 관해서도 지금껏 명쾌한 결론이 나오지 않고 있다.

생물

biology

**날숨에는 산소보다
이산화탄소가 많다?**

지구상의 생물 대부분이 호흡을 하며 살아간다. 그 가운데에서도 인간은 공기를 들이마셔 산소를 흡수하고 음식물, 주로 탄수화물을 물과 이산화탄소(+에너지)로 바꿔 내뱉는다. 이 말을 들으면 우리가 내뱉는 숨이 물(수증기)과 이산화탄소만으로 이루어져 있다고 생각하지 않는가?

공기에는 질소가 약 78퍼센트, 산소가 약 21퍼센트 함유되어 있다. 들이마신 공기(들숨)는 이 비율 그대로 폐로 들어간다. 그리고 이산화탄소는 겨우 0.03퍼센트밖에 함유되어 있지 않다.

반면에 내뱉는 공기(날숨)의 비율을 살펴보면, 질소는 그대로 나와 약 78퍼센트지만 이산화탄소는 0.03퍼센트보다 많은 약 4.5퍼센트가 배출되고, 그만큼 산소는 줄어서 약 15퍼센트가 된다.

분명히 이산화탄소는 늘어났지만 산소 수치를 웃돌지는 않는다. 산소에만 주목하면 약 21퍼센트에서 약 15퍼센트로 줄었을 뿐이다. 더 들이마실 수 있을 것 같지만 인간의 폐는 산소 농도가 약 16퍼센트 이하인 공기에서는 산소를 만족스럽게 들이마시지 못하므로 산소 결핍 상태가 된다. 또한 이산화탄소의 농도가 높아도 중독을 일으킨다. 그러므로 충분히 환기해야 한다.

게다가 공기 중의 산소 농도가 21퍼센트보다 높으면 산소 중독을 일으켜 최악의 경우에는 죽음에 이른다. 골절이나 상처를 빨리 치유하기 위한 고압 산소 요법도 있지만 이때는 의사의 지시에 따라 안전하게 시행해야 한다.

생물
biology

빨판상어는
왜 상어에게
잡아먹히지 않을까?

큰 상어의 배나 등에 달라붙어 사는 빨판상어. 사람이 회로 먹을 정도이니 육식을 하는 상어도 잡아먹지 않을까 매우 궁금하다.

큰 상어가 빨판상어를 잡아먹지 않는 이유는 무엇일까. "빨판상어는 큰 상어가 남긴 먹이를 먹는 대신에 큰 상어의 피부에 붙어 있는 기생충을 먹어 청소해주므로 상어와 빨판상어 모두에게 이득인 공생 관계가 형성되어 있기 때문"이라고 책에 쓰여 있기는 하지만, 이러한 견해에는 여전히 의문이 남는다.

빨판상어의 생태에 관해서는 아직 상세한 연구가 이루어지지 않은 데다 육식을 하는 상어의 눈앞에 빨판상어가 있어도 상어가 빨판상어를 공격하지 않는 모습은 거의 관찰되지 않았기 때문이다.

빨판상어는 이름에 '상어'가 붙어 있기는 하지만, 상어와 같은 연골어류가 아니라 보통 물고기와 같은 경골어류에 속한다. 머리 부분의 바깥쪽에 있는 빨판 모양의 기관을 이용해 상어뿐 아니라 바다거북과 대형 참치 같은 회유어는 물론 돌고래와 고래에게도 달라붙는다. 빨판상어는 자신이 달라붙은 상대가 남긴 먹이나 기생충 또는 배설물을 먹기 때문에 일반적으로는 빨판상어만 이득을 얻는 '편리공생' 관계로 인식된다.

10여 마리의 빨판상어가 한꺼번에 달라붙다 보면 대형 가오리가 호흡하는 데 꼭 필요한 아가미구멍이 막혀서 오히려 유영이나 생존에 방해가 되기도 한다.

플랑크톤을 주식으로 하는 고래상어가 실수로 빨판상어를 삼키는 모습이나 조류인 가마우지가 일부러 큰 상어에게서 빨판상어를 떼어내 먹는 모습이 촬영되기도 했다. 배고픈 육식 상어가 빨판상어를 발견했다면 잡아먹지 않는 것이 오히려 이상할 정도다. 어쩌면 빨판상어가 육식 상어에게 먹이로 인식되지 않도록 눈에 띄지 않게 살아가고 있는 것인지도 모른다.

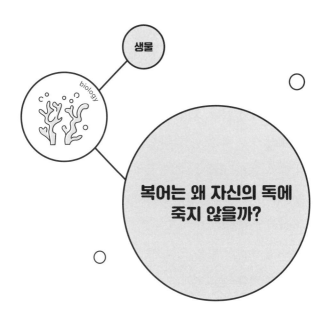

생물

biology

복어는 왜 자신의 독에
죽지 않을까?

얼마 전까지만 해도 복어가 품고 있는 독소에 복어 자신이 중독되지 않는 이유가 명확히 소명되지 않았다. 반면 복어의 독성이 얼마나 강한지에 관해서는 누누이 강조되어왔다. 하지만 최근 몇 년 사이에 복어의 유전자와 복어의 생리적 특징이 해명되어 복어 독이 왜 복어 자신에게는 영향을 미치지 않는지 드디어 그 이유가 밝혀졌다.

복어 독의 주성분인 테트로도톡신tetrodotoxin은 일부 세균이 생성하는 독소다. 플랑크톤 등이 테트로도톡신을 가진 미생물을 먹고 그 사체를 불가사리류나 조개류가 먹으면서 점차 상위 포식자에게로 축적된다. 이러한 현상을 '생물 농축'이라고 한다. 테트로도톡신은 물고기를 포함한 척추동물의 신경계를 마비시키는 독으로, 원래는 복어에게도 유해하다.

테트로도톡신이 신경세포 사이의 신호 전달에 사용되는 이온 통로ion channel를 꽉 막아 신경 전달을 저해하고 마비를 일으키지만, 독이 있는 복어에는 갑자기 변이가 일어나 이온 통로의 형태가 아주 조금 달라졌다고 한다. 그래서 통로가 막히지 않아 독이 효과를 내지 못하는 것이다. 게다가 테트로도톡신을 무독화하는 물질을 체내에 갖고 있는 복어도 있다는 사실이 밝혀졌다.

테트로도톡신은 다른 포식자로부터 자신을 지키는 데 효과적이다. 수많은 물고기가 미각으로 테트로도톡신을 감지할 수 있어 알아서 피해 간다는 것이다. 또한 복어가 특히 난소에 독을 축적하는 까닭은 포식자로부터 알을 보호하려는 목적과 더불어 수컷을 유인하는 페르몬 효과도 있기 때문이라는 사실도 확인되었다.

복어 독과 같은 독소를 지닌 일부 불가사리류나 조개류, 게와 문어, 개구리, 도롱뇽 등 다른 생물도 테트로도톡신에 내성이 있다는 것이 밝혀졌다. 대부분의 생물은 자신을 보호하는 수단으로 독을 품고 있다. 그 독은 진화 과정에서 생성된 것으로, 만약 자신이 지닌 독 때문에 죽게 된다면 생물들은 진작에 다 멸종되었을 터다. 그러므로 독에 대한 내성이 있는 것은 어찌 보면 당연한 일이다.

사람이 복어의 독이 있는 부위를 먹으면 독이 구강 안이

나 소화관으로 흡수되어 식후 2~3시간 내에 전신으로 퍼지며 호흡을 담당하는 근육의 마비를 일으켜 사망에 이른다. 단, 입과 혀가 저려오는 등 초기 증상이 나타날 때 바로 의료기관에서 적절한 조치를 받으면 테트로도톡신은 몸 밖으로 배설되고 후유증도 거의 없이 회복할 수 있다고 한다.

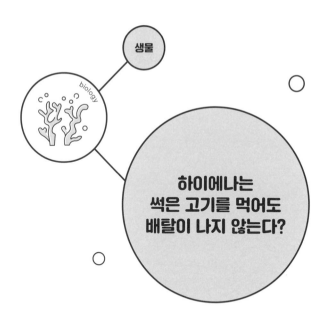

생물

biology

하이에나는
썩은 고기를 먹어도
배탈이 나지 않는다?

하이에나는 '사바나의 청소부'라고도 불리지만, 그렇다고 해서 다른 포식동물이 남긴 먹이만 먹는 것은 아니다.

하이에나는 사냥 실력이 뛰어나며 무리가 힘을 합쳐 사냥감을 궁지로 몰아넣는다. 먹이의 60퍼센트 이상을 사냥으로 획득하는데, 사자가 먹다 남긴 먹이를 얻어먹는 게 아니라 오히려 사냥으로 포획한 먹이를 사자에게 빼앗기는 일도 드물지 않다. 이처럼 주로 신선한 고기를 먹는다. 그런데도 하이에나가 썩은 고기만 먹는 것처럼 여겨지는 이유는 죽은 지 몇 시간이 지나 사후경직이 한창 진행된 딱딱한 고기나 뼈(다른 육식동물은 씹지 못한다)를 먹을 수 있을 정도로 턱의 힘이 강하기 때문이다. 게다가 사체의 뼈까지 씹어 먹기 때문에 뼈를 소화시킬 수 있을 만큼 위산의 산성도가 높다는 말도 있다. 강한 위산으로 땅속에 있는 보툴리누스botulinus균 등의 병원균이나 기생충을 사멸시킬 가능성도 생각할 수 있다.

하이에나가 서식하는 지역의 사바나기후는 고온 다습하지 않고 고온 건조하기 때문에 날고기를 2~3일 방치해도 부패하는 경우가 드물다. 대부분은 말린 고기같이 건조하고 딱딱해진다. 병원균이 번식해 부패하기 전에 이미 다른 육식동물이나 조류 또는 곤충들이 다 먹어버릴 것이다.

독수리나 콘도르 등 육식성 조류와 마찬가지로 하이에나도 썩은 고기를 찾아다니는 동물이라고 좋지 않은 이미지를 갖고 있을지도 모르지만, 이는 그들의 생태를 잘 모르는 데서 생긴 오해다.

베란다로 날아드는 비둘기를 퇴치할 방법이 있다?

베란다로 날아들어 널어놓은 세탁물을 배설물로 더럽히거나 화분의 꽃씨를 들쑤셔놓는 비둘기. 전서구傳書鳩나 애완용으로 키우던 비둘기가 도망쳐 산과 들에서 살다가 '집비둘기'라고 불리게 되었다. 공원 등지에서 볼 수 있는 흰색 또는 회색 털 비둘기는 거의 모두가 이런 식으로 야생화된 집비둘기다. 사람과 거리를 두면 공존할 수 있지만 사람들이 주는 먹이를 먹는 데 익숙해져 무리를 이루어 살고 있다.

난감한 일은 비둘기 배설물로 인한 피해다. 보기에도 좋지 않을뿐더러 새똥에는 독한 요산 성분이 포함되어 있어 비가 오거나 물에 젖으면 산성으로 바뀌어 콘크리트와 철, 동상 등을 부식시킨다. 또한 새똥에는 사람에게도 해를 미치는 병원체인 곰팡이류 크립토코쿠스 네오포르만스cryptococcosis neoformans가 있어 대량의 배설물이 건조되면 크립토코쿠스의 포자가 튀어 흩어져 피부나 폐부터 감염된다. 병이 나은 뒤에 면역력이 떨어지면 크립토코쿠스증이 뇌수막염을 일으켜 최악의 경우 죽음에 이르기도 한다. 게다가 비둘기와의 접촉으로 새와 사람 모두 걸리는 조류인플루엔자에 감염될 우려도 있다.

지금까지 비둘기를 쫓기 위해 맹금류의 실루엣이나 눈알 모형 또는 CD같이 반짝이는 반사판을 사용한 공격, 비둘기가 싫어하는 냄새를 이용한 퇴치법 등 다양한 방법을 시도했지만 별다른 효과가 없었다. 전서구가 방향을 잃지 않고 장거리를 날아갈 수 있는 것은 지구의 자기磁氣를 느낄 수 있기 때문이므로 자석을 놓아두면 비둘기가 다가오지 않는다고 하여 비둘기를 퇴치하는 방법으로 한때 성행했지만 이 또한 효과를 보지 못했다.

2003년에 이그노벨상Ig Nobel Prize*을 수상한 "오래된 옛날 동상 등 비소를 함유한 합금에는 비둘기가 모여들지 않는다"라는 연구 내용을 토대로 대책을 세우려고 했지만, 비소는 인간에게도 독성이 높기 때문에 실행할 수 없었다. 비소를 함유한 합금을 우리가 생활하는 공간으로 가져올 수는 없

---

* 미국 하버드대학교의 유머 과학 잡지사 '애널스 오브 임프로버블 리서치Annals of Improbable Research, AIR'에서 노벨상을 풍자해 만든 상으로, 사람들을 웃게 하는 재미있고 기발한 발명품을 만든 사람에게 수여한다.

는 일이다.

　베란다 난간에 침봉 같은 것을 놓아 비둘기가 앉지 못하게 하는 방법도 있지만, 되레 사람이 찔릴 위험이 있는 데다 어차피 베란다 바닥은 무방비 상태이므로 실효성이 별로 없다. 현재로서는 베란다의 바깥쪽 전면을 망이나 울타리로 막아 비둘기가 아예 들어오지 못하게 막는 방법이 가장 효과적이다.

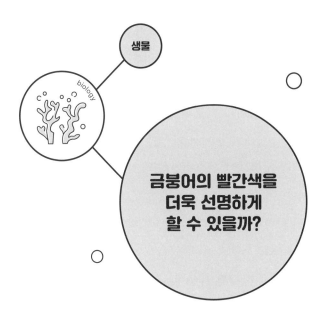

생물

biology

금붕어의 빨간색을
더욱 선명하게
할 수 있을까?

　오랫동안 기르던 금붕어의 색이 왠지 바랜 것같이 느껴
질 때가 있다. 갈색이나 회색으로 변해 있는 모습을 보면 '병
들었나?' 하고 걱정되기 마련이다. 물을 갈아주거나 조명을
바꿔준 일이 금붕어에게 스트레스가 되면 단 며칠 사이에도
빨간색이 옅어져 하얗게 되기도 한다.

　금붕어의 몸통 색은 비늘 아래의 피부 부분에 있는 색소
세포와 관련이 있다. 색소세포에는 빨간색, 노란색, 검은색,
흰색, 무지개색의 다섯 종류가 있으며 빨간색이나 노란색에
는 '카로티노이드carotinoid' 색소가, 그리고 검은색에는 '멜라
닌melanin' 색소가 관련되어 있다. 흰색과 무지개색 세포에는
색소가 없지만 빛을 산란하거나 반사시키는 성분을 지니고

있다. 이들 색소 중에서 카로티노이드는 금붕어가 스스로 만들어내지 못하는 색소이므로 먹이로 섭취할 수밖에 없다.

따라서 금붕어를 실외에서 기르는 경우에는 물벼룩 등 플랑크톤을 섭취해 카로티노이드를 보충할 수 있어 색바램이 적지만, 실내 수조에서 기르면 카로티노이드 부족으로 빨간색이나 노란색이 점점 옅어진다. 또한 직사광선이 위험하다고 해도 얇은 커텐 너머로 햇볕을 충분히 쬐어주지 않으면 멜라닌을 합성하지 못해 검은색이 더욱 옅어진다.

금붕어의 색을 다시 선명하게 하는 방법이 있다. 빨간색을 짙게 하고 싶다면 카로티노이드를 풍부하게 함유한 배합 사료를 주는 것이 가장 좋다. 다만, 먹이를 갑자기 바꾸는 것도 금붕어에게는 스트레스가 될 수 있으니 반드시 건강 상태를 확인하고 나서 실행하자. 또한 금붕어는 시각으로 얻는 자극이 색소세포를 활발하게 하므로 사육 환경의 주변을 짙은 색으로 꾸며주는 방법도 효과적이다.

생물

biology

**바다에 사는 물고기와
강에 사는 물고기를
같은 수조에서
키울 수 있을까?**

연못에 사는 붕어와 바다에 사는 도미를 하나의 수조에
넣으면 대개는 둘 중 하나가 죽는다. 그런데 '마법의 물'을 사
용하면 둘 다 살 수 있을 뿐 아니라 두 물고기 모두 오히려
더 건강해진다고 한다.

강이나 연못의 물은 염분을 함유하지 않은 담수(염분 농
도가 0퍼센트)로, 그곳에 사는 물고기를 담수어라고 한다. 한
편 해수어가 사는 바닷물의 염분 농도는 3.5퍼센트다. 예외
적으로 강에서 태어나 바다에서 성장한 후 다시 강으로 돌아
와 산란하는 연어류나 그 반대의 과정을 거치는 장어류도 있
지만, 서식지를 오가는 일은 생애에 단 한 번뿐이며 더구나
장시간에 걸쳐 적응하면서 다른 환경으로 옮겨 간다. 물고기

는 대부분 각자의 환경에 적응해 있기 때문에 해수어는 담수에서 살 수 없고 담수어도 해수에서는 살 수가 없다.

그 원인으로는 염분 농도가 깊이 관련되어 있다. 담수어도 해수어도 모두 체액의 염분 농도가 약 1퍼센트다. 참고로 인간의 체액은 염분 농도가 약 0.85퍼센트이며, 대부분의 척추동물은 염분 농도를 1퍼센트 전후로 유지하고 있다.

몸 바깥쪽 물과 체내 등 염분 농도가 다른 물이 세포막 등의 반투막(물은 통하지만 염분은 통하지 않는다)을 사이에 두고 만나면 물은 염분 농도가 옅은 쪽에서 짙은 쪽으로 이동한다.

해수어는 체내 바깥으로 수분이 이동하므로 체내의 염분 농도가 높아진다. 그래서 입으로 물을 적극적으로 흡입하고 아가미로 염분을 배출해 균형을 유지한다. 반면 담수어는 바깥에서 체내로 물이 침투해 들어오기 때문에 몸 안의 염분 농도를 유지하기 위해 아가미로 염분을 섭취하고 물만 소변으로 배출한다.

그렇다면 담수어와 해수어의 체액과 똑같이 염분 농도가 약 1퍼센트인 사육수에서는 어떤 현상이 일어날까? 이 경우 체내와 몸 밖의 물에서 수분과 염분의 이동 현상은 일어나지 않는다. 따라서 애써 염분과 물을 배출하지 않아도 되므로 몸에 무리를 주지 않아 물고기가 더욱 건강하게 자란다.

즉 마법의 물이란 염분 농도를 약 1퍼센트로 맞춘 사육수를 가리킨다. 원래 물고기의 체내 환경에는 외부의 염분뿐 아

니라 아미노산의 농도라든지 산성 또는 알칼리성인 수소이온
농도, 호르몬 등도 관계하고 있다. 이들 성분을 조절한 사육
수는 '아주 적합한 환경수'로서 제품으로 생산되고 있다.

생물

biology

공룡의 생김새와 색은
어떻게 알아냈을까?

　거대 공룡이 육상을 활보한 시기는 지금부터 약 1억 9960만 년 전부터 약 1억 4550만 년 전까지 계속된 중생대의 쥐라기였으며, 약 6650만 년 전에 절멸했다고 알려져 있다. 지구상에 인류가 등장한 때는 그보다 훨씬 뒤인 신생대 제4기 말로, 지금으로부터 약 50만 년 전이므로 당연히 살아 있는 공룡을 본 인류는 단 한 사람도 없다.

　그렇다면 본 적도 없고 벽화 등에 기록되어 있지도 않은데 어떻게 공룡의 상상도를 상세하게 그릴 수 있는 걸까. 대부분의 공룡 화석은 뼈와 발자국 등 '흔적 화석'이 존재할 뿐이며 체표의 모양이나 색깔은 전혀 남아 있지 않다. 따라서 화석으로 추측할 수 있는 공룡의 생태를 토대로 생태가 비슷하다고 추정되는 현존하는 조류와 파충류의 피부 모양과 체색을 참고로 상상해서 그릴 수밖에 없었다.

어쩌면 번식기에 몸 일부분의 색을 바꾸거나 카멜레온처럼 주변 색에 맞춰 변색하던 공룡도 있었을지 모른다. 극단적인 예지만, 분홍색 물방울무늬나 화려한 줄무늬 공룡이 그려져 있다 해도 부정할 수 없었을 것이다.

그런데 여러 해 전에 공룡의 체모(깃털) 화석이 발견되었다. 이로써 공룡 가운데 일부는 깃털이 있었다는 사실이 밝혀졌으며 깃털 화석을 전자현미경으로 관찰한 결과, 현존하는 새의 색소세포와 상당히 비슷한 조직도 확인되었다.

게다가 최근에는 공룡의 피부 화석까지 잇달아 발견되면서 피부 상태를 근거로 공룡의 체색에 관해 어느 정도 과학적인 추측도 가능해졌다. 2011년에는 전신의 비늘과 피부 상태까지 자세히 보일 정도로 보존 상태가 좋은, 마치 미라 같은 공룡 화석도 발견되었다. 2017년에 연구한 공룡의 늑골 화석에서는 혈관과 신경이 지나가던 관 속에서 단백질 조각이 검출되기도 했다.

과거에는 공룡의 체색과 모양을 생태와 행위 등의 외적 요인에 기반해 상상해서 그릴 수밖에 없었지만, 현재는 공룡의 생리학적이고 내적인 요인이 잇달아 밝혀지고 있다. 따라서 앞으로는 확실한 과학적 근거를 토대로 상상도를 그릴 수 있을 것이다.

생물

biology

동물은 정말로
불을 무서워할까?

서바이벌 영화를 보면 야생동물의 습격을 피하려고 밤중에 모닥불을 피우는 장면이 자주 나온다. 동물이 본능적으로 불을 두려워하기 때문이라고 하지만, 불을 피우면 정말 동물로부터 나를 지킬 수 있을까?

해외에서는 이러한 논리를 부정하는 사례가 심심치 않게 들려온다. 이를테면 산속 캠핑장에서 불을 꺼뜨리지 않았는데 곰이 음식물을 뒤졌다거나, 밤에 사막에서 추위를 견디려고 불을 지피자 동물이 다가왔다는 이야기 등이다. 훈련되어 있다고는 해도 서커스에서는 맹수가 불이 붙은 링 가운데를 통과하는 모습을 볼 수 있다. 야생동물이 불을 보는 것은 산불이 났을 때 정도일 것이다. 어떤 새는 산불을 피해 도망치는 곤충을 뒤쫓다가 불길에 뛰어들기도 한다.

일반 가정에서 기르는 개나 고양이가 겨울에 따뜻한 스토브에 다가가는 광경도 자주 볼 수 있다. 주인으로서는 개나 고양이의 털이 행여 타지나 않을까 걱정이 될 정도다. 먹이가 눈앞에 있거나 추위에 노출된 동물은 어떻게든 살아남는 일이 우선이므로 불에 대한 공포에 둔감하다고 할 수 있다.

동물이 불을 무서워한다는 인식은 예로부터 있었다. 그래서 산야에 가까운 농작지에서 멧돼지를 비롯한 야생동물에게 피해를 입지 않으려고 논밭 곳곳에 횃불을 켜놓는 일이 흔했다. 하지만 근대에 들어 횃불을 전등으로 대체하자 야생동물의 침입을 막는 효과가 떨어졌다고 한다. 가스를 사용해 자동으로 불을 켜도 동물들은 두려워하지 않는다.

야생동물을 방어하는 데 효과가 큰 방법은 횃불이 꺼지지 않도록 주기적으로 사람이 순회하는 것이었다. 이 사실로 미루어보면, 정작 동물들이 두려워하고 경계한 것은 횃불의 불빛이나 뜨거운 열이 아니라 인간의 기척이나 남아 있는 냄새라고 생각할 수 있다. 산불이 날 때는 평상시와 다른 소리와 매캐한 연기 냄새를 경계하지만, 불꽃을 두려워하는 동물은 불에 대한 공포를 체험으로 습득하고 살아남은 존재일 뿐인 것이다.

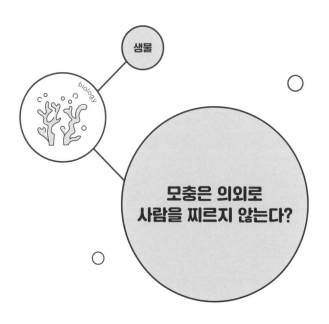

생물

biology

모충은 의외로
사람을 찌르지 않는다?

사람들은 해충 가운데서도 특히 털이 달려 있는 모충을 무서워한다. 독이 들어 있는 털이나 가시에 살짝 닿기만 해도 극심한 통증과 가려움이 몇 개월 동안 지속되고, 염증이 생기거나 부풀어 올라 전신에 발진이 돋고 흉터가 남기도 한다. 사람에 따라서는 아나필락시스anaphylaxis˚를 일으켜 호흡곤란이나 전신 마비가 일어나기도 하고 심하면 죽음에 이르는 사례도 있다.

골치 아픈 건 모충에 가까이 다가가기만 해도 해를 입는다는 사실이다. 모충 가운데는 공기의 진동을 느끼면 독침모毒針毛를 공중으로 발사하는 종류가 있다. 살충제로 죽여

˚ 심한 쇼크 증상처럼 과민하게 나타나는 항원항체반응.

도 사체나 주위에 떨어진 털에 독성이 남아 있어 며칠이 지나도록 바람에 떠돌기도 한다. 만약 독침모가 피부에 닿기라도 하면 절대 문지르지 말고 테이프로 떼어낸 후 비누와 흐르는 물로 씻어내는 것이 좋으며, 증상이 나타날 경우에는 의료 기관에서 치료를 받아야 한다.

모충은 이 정도로 무서운 개체지만 독을 품고 있는 모충은 일본의 경우 쐐기나방과科의 8종, 솔나방과 5종, 독나방과 7종, 불나방과 2종, 그리고 알락나방과 3종밖에 없다. 전부 합하면 25종이다. 일본에서 모충이나 유충의 모습으로 애벌레 시절을 지내는 나방과 나비의 종류로는 5000종 이상이 있으며, 모충이 되는 종류는 1000종 정도다. 그 가운데 25종이 독모충이므로 약 2.5퍼센트밖에 없는 셈이다.

그렇다고는 하지만 독모충 가운데서도 독나방과의 유충이 끼치는 피해는 매년 각지에서 화제가 되고 있다. 독나방과 곤충이 먹어치우는 풀이 차나무와 동백나무 등 우리 주변에서 흔히 볼 수 있는 식물이기 때문이다. 이들 차나뭇과 식물은 상록수라는 특성도 있어 공원이나 학교 또는 가정에서 정원수나 울타리로 많이 심고 있다. 동백꽃에 모충이 모여 있다면 차독나방의 유충일 수 있으니 발견하면 곧바로 전문 기관에 연락해 조치를 취하도록 하자.

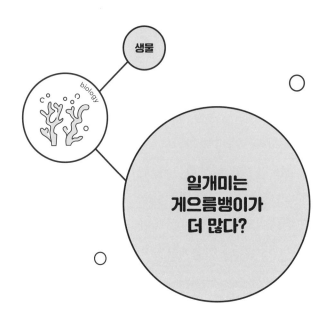

생물

biology

일개미는
게으름뱅이가
더 많다?

들판에서 행렬을 이루어 이동하는 개미 무리를 보면 언제나 대부분의 개미가 일하고 있고 쉬는 개미는 없는 것처럼 보인다. 그래서 부지런한 사람을 가리켜 '일개미'라고 부르기도 한다. 개미의 세계는 카스트제도로 이루어져 있어 모든 개미가 태어날 때부터 정해진 계급과 역할에 맞는 모습으로 살아간다. 도중에 바꿀 수가 없다.

개미집 하나에 모여 사는 무리는 산란에 특화한 1마리 혹은 몇 마리의 여왕개미와 번식기에만 나타나는 소수의 수개미, 그리고 수많은 일개미로 나뉜다. 일개미 중에는 개미의 종류에 따라 공격과 방어에 적합한 병정개미가 포함되기도 한다.

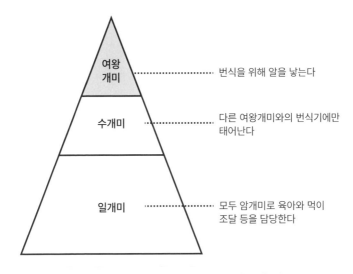

여왕개미는 대개 일개미가 되는 암개미밖에 낳지 않는다.

번식을 위해 알을 낳는다

다른 여왕개미와의 번식기에만
태어난다

모두 암개미로 육아와 먹이
조달 등을 담당한다

여왕
개미

수개미

일개미

　일개미는 할 일이 많다. 개미집의 확장과 유지 관리, 개미집 주변의 순찰과 먹이 수집, 그리고 이사는 물론 여왕개미의 시중을 들고 여왕개미가 낳은 알을 돌보며 부화한 유충에게 먹이도 줘야 한다. 그래서 일개미라고 하면 항상 일만 한다고 생각하기 쉽지만, 사실 항상 일하는 개체가 약 20퍼센트, 적당히 눈치를 봐가며 가끔 일하는 개체가 약 60퍼센트, 그리고 항상 게으름 피우며 아무 일도 하지 않는 개체가 약 20퍼센트로 구성되어 있다는 사실이 밝혀졌다.

　게다가 2 대 6 대 2의 관계는 개미 집단의 개체 수와 관계없이 항상 일정하다. 한 집단에서 일만 하는 개미를 없애면 지금까지 눈치 빠르게 굴던 개미나 빈둥거리던 개미도 일하게 되어 결과적으로는 다시 2 대 6 대 2의 비율이 된다. 최소 5마리가 한 무리를 이뤄도 그중에는 일하는 개미가 1마리, 기회를 엿보며 상황을 살피는 개미가 3마리, 그리고 빈둥거리는 개미 1마리로 나뉜다. 일하는 개미만 남기더라도 이러한 비율 관계는 똑같이 유지되어 무리 가운데서 약 20퍼센트는 아무 일도 안 하고 게으름을 피우게 된다.

이 2 대 6 대 2의 관계는 '일개미의 법칙'이라고 이름 붙여졌다. 왜 이 같은 비율로 집단이 안정되는지는 지금도 계속해서 연구하고 있는데, 시뮬레이션 결과 이 비율로 무리를 형성해야 개미집이 원활하게 운영되고 유지된다는 사실이 밝혀졌다.

일개미의 법칙을 인간 사회에 그대로 적용한다고 해서 꼭 원활하게 돌아가리라고 장담할 수는 없지만, 게으름 피우는 사람이 일정 수 존재하는 다소 비효율적으로 보이는 시스템이야말로 사실은 효율성이 높은지도 모른다.

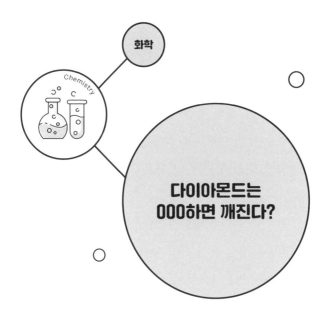

화학

Chemistry

다이아몬드는
000하면 깨진다?

　　다이아몬드는 세상에서 가장 딱딱하다고 알려져 있지만, 실은 깨뜨리려고 하면 의외로 손쉽게 깰 수 있다. 다만 보석으로서의 가치를 잃게 되므로 실행하지 않을 뿐이다.

　　결론부터 말하자면, 다이아몬드의 약점은 '열'과 '충격'이다. 탄소 원자가 고밀도로 배열되어 결정화된 광물이 다이아몬드다. 공기 중이나 산소가 충분한 환경에서 1000도 이상의 고온에 노출되면 서서히 작아져 없어진다. 정확하게는 연소되어 이산화탄소가 되는 것이다. 집이나 건물에 화재가 발생하면 온도가 1200도 전후까지 올라가기 때문에 다이아몬드 반지의 금속대가 금인 경우에는 녹아내린 금만 남고, 금속대가 백금인 경우에는 반지만 원래 형태 그대로 남는다고 한다.

또한 철이나 돌 같은 딱딱한 물체에 쿵 하고 부딪치기만 해도 모서리가 깨질 정도로 충격에 약하다. 이는 다이아몬드의 인성靭性°이 수정만큼 낮다는 사실과 관련이 있다. 다이아몬드 원석은 대개 피라미드 2개의 밑면을 맞대어놓은 것 같은 팔면체로 되어 있다. 일반적으로 대부분의 결정에는 잘 깨지는 면이 있는데, 다이아몬드는 팔면체 결정의 각각의 면과 평행을 이루는 면이 약하다.

그 원석을 정성 들여 깎아 형태를 다듬으면 보석이 되는데, 커팅된 다이아몬드에도 원석의 약한 면이 남아 있어서 망치로 몇 번 두드리기만 해도 산산조각이 난다. 다이아 반지를 낀 채로 손을 휘두르다가 무언가 딱딱한 것에 부딪친다면? 상상만 해도 끔찍하다!

°　외부의 힘에 갈라지거나 늘어나지 않고 견디는 성질.

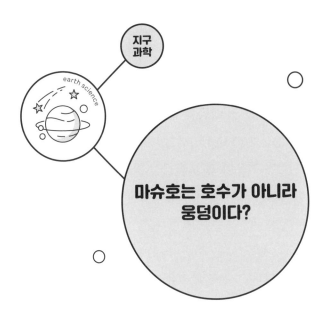

마슈호는 호수가 아니라 웅덩이다?

홋카이도北海道 동부에 있는 마슈호摩周湖는 1960년대에 인기를 끈 대중가요 '안개 낀 마슈호霧の摩周湖'로 일약 유명해진 곳이다. 최근에는 일본에서 첫 번째로, 그리고 세계적으로는 러시아 카스피해Caspian Sea에 이어 두 번째로 투명하고 맑은 물이 가득 찬 호수로 잘 알려져 있다. 홋카이도에서는 가까이에 있는 굿샤로호屈斜路湖, 그리고 둥근 공 모양의 녹조식물 마리모로 유명한 아칸호阿寒湖와 더불어 관광지로도 인기를 얻고 있다.

현재 이 마슈호의 존재가 약간 애매한 상황에 놓였다. 마슈호는 유사 이전에 일어난 대분화로 생긴 함몰 지형에 물이 고인 칼데라호로, 유입 및 유출 하구가 없는 폐쇄 형태의 호수다. 따라서 국토교통성˚ 장관이 관리하는 하천법에서는 관할 대상에서 제외된다.

또한 마슈호에 있는 가무이슈섬에는 수목이 자라기 때문에 농림수산성˚˚이 관리를 맡고 있지만 호수 자체에는 수목이 없기 때문에 여기서도 관할 대상에서 제외된다. 세계대전이 일어나기 전부터 전쟁 중에는 왕실 소유지로서 궁내청이 관리했지만 전쟁이 끝나자 궁내청은 자신들의 소관이 아니라고 선언했다.

결국 2001년에는 주변의 자치단체와 홋카이도, 그리고 정부가 협의해 그 누구의 소유도 아닌 무등기 상태에서 국가가 관리하기로 결정했다. 이로써 지금은 마슈호를 단지 국가가 관리하는 부동산에 물이 차 있을 뿐인 '웅덩이'로 규정하는 듯한 인식이 퍼져 있다. 하지만 마슈호를 이렇게 취급하는 것은 부적절하다. 웅덩이라고 하면 어디까지나 일시적으로 생긴 장소인데, 마슈호의 수위는 지금 일정하게 유지되고 있으니 말이다.

마슈호의 법적 지위는 바다와 동일하게 규정된다. 바다는 그 누구의 소유도 아니지만 특정인이 권리를 갖는 것을 부정하지 않기 때문이다. 환경성˚˚˚이 관할하고 있는 아칸

˚ 우리나라의 국토교통부에 해당.
˚˚ 우리나라의 농림축산식품부에 해당.
˚˚˚ 우리나라의 환경부에 해당.

마슈阿寒摩周국립공원에서는 '마슈호'로 칭하며 호수 주위, 즉 칼데라 내벽 출입을 엄격하게 제한하고 있다. 또한 마슈호에서 채집이나 포획을 하려면 홋카이도 도지사의 특별 채집 및 포획 허가가 필요하다. 따라서 법적 소유자는 없지만 실질적 관리자는 국가(환경성)와 홋카이도청이라고 할 수 있다.

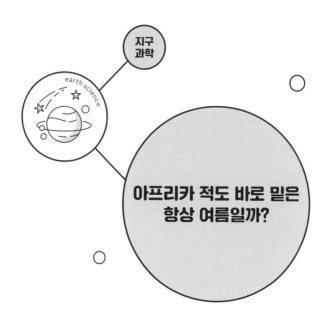

earth science

아프리카 적도 바로 밑은 항상 여름일까?

아프리카 대륙에서 적도를 지나는 국가는 가봉, 콩고공화국, 콩고민주공화국, 우간다, 케냐, 소말리아다. 아프리카인 데다 더구나 적도라고 하면 햇볕이 뜨겁게 내리쬐고 1년 내내 한여름 같은 무더위가 계속될 거라고 생각할지도 모른다. 실제로는 어떨까?

분명히 1년 동안 태양으로부터 열에너지를 가장 많이 받는 지역은 적도 부근이다. 하지만 따뜻한 공기가 상승하여 폭넓은 저기압대가 형성되면서 구름이 많아져 햇볕이 차단되기 때문에 사람이 생활하는 장소의 기온은 그다지 높지 않다.

적도 밑에서는 하지 때 태양 고도가 66.6도로 낮고, 그 대신 춘분과 추분 때 태양이 바로 위(90도)를 지난다. 같은

하지 때 태양 고도가 가장 높은 곳을 지나는 일본과 한국은 봄, 여름, 가을, 겨울의 사계절이 있지만 적도 아래의 계절은 여름, 봄, 여름, 가을로 바뀐다. 겨울이 없는 것이다.

게다가 아프리카 대륙은 전체적으로 해발고도가 높다. 적도 바로 아래에 있는 케냐의 마을로, 세계적으로 활약하는 마라톤 선수 여러 명을 배출해 유명해진 냐후루루Nyahururu는 해발고도가 약 2400미터나 된다.

또한 적도의 북쪽에 위치한 에디오피아의 수도 아디스아바바Addis Ababa의 해발고도도 약 2400미터다. 1년 내내 쌀쌀하고 최고기온이 평균 섭씨 21~24도이며, 최저기온의 평균은 7~11도다. 기후 구분상으로는 1년 내내 봄이 계속되는 '고산기후'(알프스 기후)다.

고온 다습한 여름철 기후를 생각하면 아프리카 적도 바로 아래는 이상적인 피서지같이 살기 좋은 기후다. '적도'라는 말이나 영상에서 느껴지던 이미지와는 상당히 다르다는 것을 알 수 있다.

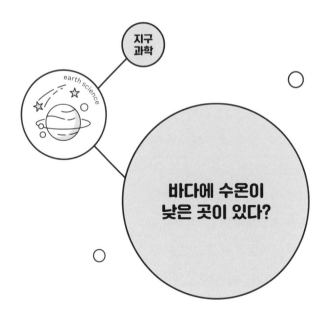

지구
과학

earth science

바다에 수온이
낮은 곳이 있다?

여름날 해수욕장에서 바닷물에 들어갔다가 갑자기 물이 차가워져서 놀란 적은 없는가. 혹은 발이 닿을 정도 깊이의 모래 위를 걷다가 순간적으로 깊어져서 바닷물에 빠질 뻔한 경험을 한 사람도 있을 것이다. 왜 이런 일이 일어날까?

주위와 별로 달라 보이지 않는데도 바다의 수온이 부분적으로 바뀌는 일은 자주 발생한다. 해수욕장은 대개 멀리까지 물이 얕은 모래사장으로 되어 있고, 가까이에는 모래를 공급하는 강의 하구가 있기 마련이다. 물론 하구에서는 담수가 흘러나간다.

담수와 해수의 수온이 같다면 해수 쪽이 더 무거우므로 강물은 떠오르듯이 표층을 이뤄 흐른다. 같은 해수라면 따뜻한 해수가 위로 올라오고 차가운 해수가 아래층으로 이동한다. 강의 차가운 담수와 따뜻한 해수가 섞인 하구 근처에는 햇빛과 기온으로 따뜻해진 '가벼운' 해수와, 온도는 낮지만 역시 '가벼운' 강물이 섞여 있어서 물이 매우 복잡한 구조로 흐른다. 얕은 곳에서 해수욕을 하며 따뜻한 바닷물을 즐기고 있다가 갑자기 차갑고 가벼운 하천수가 몰려오기도 한다.

하구에서 오는 물의 흐름은 해저 지형과도 관련이 있는데, 바닷물의 간조와 만조에 따라 하루 동안에도 바뀐다. 그러므로 따뜻한 바닷물이라고 해서 방심하면 안 된다. 특히 하구가 가까운 해수욕장에서 놀 때는 해수 온도의 급격한 변화에 조심하자.

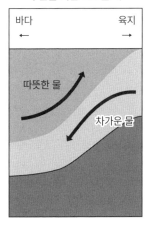 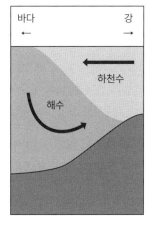

주로 수온의 온도, 그리고 담수냐 해수냐에 따라 물의 흐름이 바뀐다.

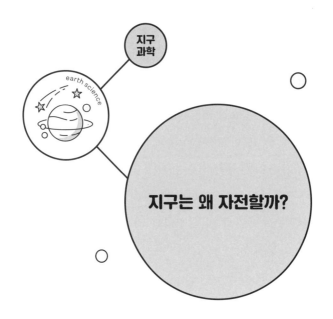

지구
과학

earth science

지구는 왜 자전할까?

　하루는 24시간이다. 이 숫자는 태양을 기준으로 했을 때 지구의 자전주기다. 멀리 있는 우주의 별을 기준으로 하면 지구의 자전주기는 약 23시간 56분 4초다.

　자전은 지구에서만 일어나는 현상이 아니라 태양계의 다른 행성에서도 일어난다. 화성의 자전주기는 약 24시간 37분이고, 목성의 자전주기는 약 9시간 56분이다. 이처럼 태양계 내에 존재하는 대부분의 천체가 북극성의 위치, 즉 대략 우주의 북측에서 보면 반시계 방향으로 자전하면서 태양의 주위를 똑같이 반시계 방향으로 공전하고 있다.

　원인은 태양이 생겨난 약 46억 년 전보다 훨씬 더 이전으로 거슬러 올라간다. 아무것도 없는 우주 공간에서 희박한

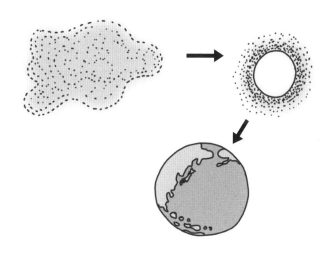

지구가 탄생할 때 성간가스가 한쪽으로 치우치면서 자전하게 되었다.

성간가스˚가 서로 동력으로 끌어당겨 모였다. 그때 성간가스가 한쪽으로 치우치면서 우연하게도 반시계 방향으로 느슨하게 도는 소용돌이를 만들어낸 것이다.

　피겨스케이트 선수가 뻗고 있던 팔다리를 좁혀 재빨리 스핀 동작을 하듯이, 희박한 성간가스가 동력으로 서로를 당길수록 회전하는 힘(각운동량)은 더욱 강해지고 빨라진다. 마침내 성간가스가 모여 미행성이 되고 미행성끼리 충돌 합체해서 행성이 되어도 그 각속도(에너지)가 유지되고 행성이 자전하게 된 것이다.

　˚　별과 별 사이의 우주 공간 대부분을 차지하는 기체.

다만 예외도 있다. 금성의 자전주기는 약 243일로, 태양의 주위를 일주하는 공회주기인 약 225일보다 길다. 게다가 '시계 방향'으로 자전하는 것처럼 보인다. 이는 금성이 탄생한 뒤에 커다란 소행성이 자전의 각속도를 없애듯이 충돌 합체해서 자전축을 180도 가까이 기울였기 때문이라고 알려져 있다.

여담이지만, 천문학적 시간 규모로 보면 지구의 자전은 서서히 늦어지고 있다. 그 이유는 위성인 '달'과 지구의 바닷물이 자전을 방해하고 있기 때문이다.

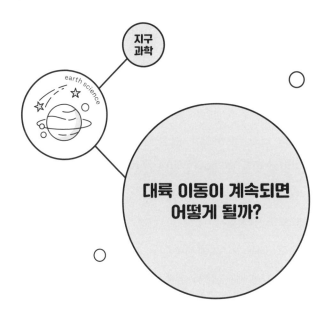

일찍이 지구상의 대륙은 하나의 커다란 육지였다. 이를 초대륙 판게아Pangaea라고 한다. 초대륙이 나뉘어 각각의 대륙이 현재의 위치로 이동했다는 주장이 1912년에 처음 등장한 '대륙이동설'이다. 현재는 대륙이동설을 발전시킨 '판구조론plate tectonics(플레이트 이론)'으로 통합되었다.

초대륙 판게아는 원래부터 하나가 아니라 여러 개의 대륙이 모여 대략 2억 5000만 년 전에 형성되었다고 한다. 그전에도 역시 여러 개의 대륙이 있었고, 이들 대륙도 15억 년 전에서 10억 년 전에 존재한 하나의 큰 초대륙이 분열해 생겼다고 알려져 있다.

지구상의 대륙은 4억 년에서 5억 년마다 집합과 이산을 반복해왔다. 이 현상을 판구조론으로 설명하면, 지구 표면은 여러 개의 판plate으로 덮여 있고 지구 내부의 맨틀 대류mantle convection가 판을 움직여 판에 올라타고 있는 대륙도 이동한다.

대륙이 모여 초대륙이 형성되면 두꺼운 판이 뚜껑을 덮는 모습이 되고 열이 몰려 맨틀 대류가 강하게 끓어올라 이번에는 초대륙을 쪼개어 펼친다고 한다. 이 움직임이 주기적으로 일어난다는 사실이 전 세계의 지질 탐사와 생물의 분포 조사로 밝혀졌다.

지금도 대륙 이동은 계속되고 있으며 앞으로 5000만 년에서 2억 년 후에는 남북아메리카 대륙이 결합해서 북상하고, 북극 근처에서 유럽과 아시아 대륙이 충돌하며, 오스트레일리아나 인도도 북상해서 마침내 거대한 하나의 '아메이지아Amasia 초대륙'이 형성된다는 설이 있다.

그 밖에도 대서양이 닫혀서 초대륙 판게아와 거의 같은 위치에 새로운 초대륙이 생긴다는 설, 지금의 태평양에 초대륙이 생긴다는 설 등이 있다. 대륙이 모여드는 위치는 각각 다르지만, 미래에 하나의 초대륙이 생성된다는 결론은 어떤 의견에도 공통으로 들어가 있다.

4~5억 년 주기로 합체와 분열을 거듭하는 대륙! 예전에 초대륙 판게아가 형성되었던 것이 2억 5000만 년 전이므로 지금은 각 대륙이 가장 떨어져 있는 시기다. 세계지도를 보면서 수억 년 후 대륙이 어떤 모습일지 상상해보는 건 어떨까.

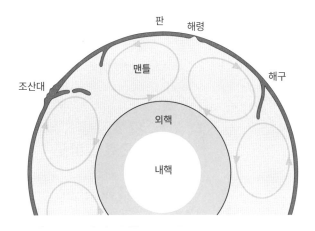

 부분 설명 라벨:

대류

판 해령

맨틀

조산대

해구

외핵

내핵

맨틀 대류로 인해 대륙이 이동하고 있다.

 부분 설명 라벨:

유라시아 대륙

북아메리카
대륙

적도

아프리카
대륙

남아메리카
대륙

인도 대륙

남극 대륙

오스트레일리아 대륙

약 2억 5000만 년 전에 존재했다고 알려진 초대륙 판게아.

큰비가 몇 시간 동안 계속해서 쏟아지면 강물이 금세 불어난다. 하지만 며칠 동안 비가 내리지 않아도 강물이 마르지 않는 이유는 무엇일까.

강물은 결국 바다로 향한다. 바닷물은 태양광으로 따뜻해져서 증발해 수증기가 되고 수증기가 모여 구름을 만든다. 그리고 구름 속에 있는 수증기와 물 입자가 커지면서 비와 눈이 내리면 강이 되어 흐른다. 이것이 '물의 대순환' 현상이다. 지구 전체로 보면, 어딘가에서 비가 내리기 마련이지만 강의 상류나 수원지水源地의 숲에서는 수십 일 동안 비가 오지 않을 때도 있다.

●　물이 흘러나오는 근원이 되는 곳.

그래도 강이 마르지 않는 것은 한번 내린 빗물이 지표면으로 침투해 지하수가 되어 땅속을 흐르다가 다시 솟아 나오기까지 오랜 시간이 걸리기 때문이다. 물의 근원지가 되는 숲이나 지표면에 내린 빗물이 지하수가 흐르는 곳에 도달하려면 며칠에서 1달 정도 걸린다. 큰비가 내린 뒤 몇 시간 만에 강물이 불어나는 것은 이전에 내린 비가 지면 속에 고여서 침투되지 않고 표층을 재빨리 흐르기 때문이다.

　　지하수가 높은 곳에서 낮은 곳으로 흐르는 데는 더 많은 시간이 필요하다. 지하수는 1년 동안 몇 미터에서 몇백 미터밖에 흐르지 못한다. 산속에서 퐁퐁 솟아나는 물을 보면 무심결에 '얼마 전에 내린 비인가?' 하고 생각할지도 모르지만 장소에 따라서는 몇 해나 지난 빗물인 것이다.

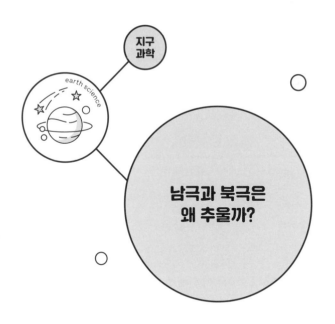

지구
과학

earth science

남극과 북극은
왜 추울까?

우리는 이른 아침부터 저녁 6시가 지나도록 햇볕이 쨍쨍 내리쬐어 무척 더운 여름날을 보낸다. 그런데 북극지방으로 가면 하루 종일 태양이 지지 않는 백야白夜 현상이 나타나는데도 춥다.

북극은 하지 무렵, 남극은 동지 무렵에 24시간 내내 해가 나와 있는데도 추운 이유는 태양이 떠 있는 시간의 길이가 지구상의 기온을 좌우하는 것이 아니기 때문이다. 그렇다면 기온은 태양과의 거리와 관계가 있지 않을까 하고 생각하는 사람도 있을 것이다. 하지만 태양과 지구가 1년 중에서 가장 가까워지는 시기는 1월 초순이고, 가장 멀어지는 시기는 7월 초순이며, 북반구의 경우는 계절과 거리가 반대다.

지구 표면을 따뜻하게 하는 에너지의 99.9퍼센트 이상은 태양에서 온다. 태양광이 지표면과 해수면을 비추어 따뜻하게 하고 그 열이 지표면이나 바다와 접하고 있는 공기에 전달된 것이 '기온'이다.

태양광이 지표면과 해수면을 얼마나 따뜻하게 할지를 결정하는 요인은 햇빛이 비치는 각도다. 태양이 바로 위에서 비추면(북위, 남위 0도) 지표면은 100퍼센트의 에너지를 얻을 수 있지만, 각도가 45도(북위, 남위 45도)일 때는 약 71퍼센트의 에너지밖에 얻지 못한다. 각도가 낮아질수록 태양광의 에너지 밀도가 작아지는 것이다.

결론적으로 태양광의 입사각이 낮을수록 지표면이 따뜻

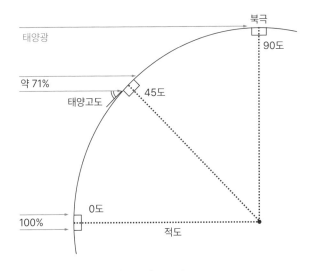

북위, 남위 모두 0도에 가까울수록 태양에서 얻는 에너지가 크다.

해지지 못하고 기온이 내려간다. 태양광이 낮은 위치에서 비추면 더욱 긴 대기를 지나기 때문에 빛 자체가 약해지고 반사하는 빛도 더 많아진다. 또한 지표면이 눈이나 얼음으로 덮여 있으면 태양광을 거울처럼 튕겨내므로 더더욱 따뜻해지지 않는다. 다시 말해, 북극이나 남극이 추운 이유는 태양광의 입사각이 낮기 때문이다.

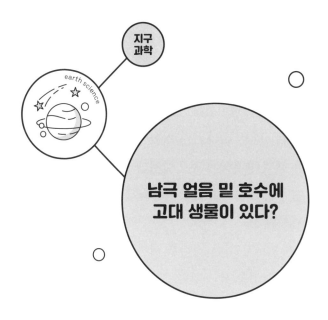

지구
과학

earth science

남극 얼음 밑 호수에
고대 생물이 있다?

　고대 생물은 인류가 아직 가 보지 않은 장소에서 지금도 살아 있을까? 미스터리하면서도 꿈 같은 이야기가 아닐 수 없다. 현재 수많은 수수께끼가 잠들어 있을 법한 장소라면 우주와 심해, 그리고 극지일 것이다. 대륙의 98퍼센트가 두꺼운 얼음으로 덮여 있는 극지인 남극의 얼음 밑에서 호수가 발견되자 남극 대륙이 얼음으로 덮이기 이전의 아주 먼 옛날에 살던 생명체가 갇혀 있을지도 모른다고 화제가 되었다.

　상공에서 실시한 레이더 탐사로 러시아의 남극관측기지 가까이에서 발견된 보스토크호Lake Vostok는 남극의 빙하 표면에서 약 4킬로미터km 아래에 위치한다(얼음 밑에 있는 호수이므로 빙저호라고 부른다). 약 사반세기에 걸쳐 두껍게 쌓인 대륙

빙하를 뚫고 내려가 드디어 호수에 도달했는데 그 직전에 채취한 얼음 샘플을 조사한 결과, 호수는 50만 년 전에 형성되었다는 사실이 밝혀졌다. 보스토크호의 물을 채취하는 데 성공한 것은 2012년이었다. 그 물에서 지구상에 존재하는 박테리아와는 다른 DNA가 발견되어 미지의 생명체인지도 모른다며 한때 흥분해서 주목했지만, 결국 지상 물질이 섞여 들어가서 생긴 오염이라고 판명되어 탐사 계획이 일시적으로 중단되었다.

한편 미국은 다른 빙저호 머서호Lake Mercer를 조사하기 위해 시추 작업을 하고 있다. 2018년 말에는 두께 1킬로미터의 얼음에 구멍을 뚫어 호수 밑바닥의 진흙 속에서 갑각류의 사체 등을 발견했다. 머서호는 5000년 전부터 12000년 전까지의 지구 온난기에 얼음이 얇아지자 동시에 해수면이 상승해 일시적으로 해양 생물이 바닷물과 함께 흘러든 것으로 알려져 있다.

남극에 있는 빙저호는 본격적으로 과학 조사와 연구를 시작한 지 얼마 안 되었으며 남극의 환경을 오염시키지 않도록 주의하면서 각국이 협력해서 신중하게 진행하고 있다. 여러 가지 사실이 밝혀지려면 조금 더 시간이 걸릴 것 같다.

보스토크호를 둘러싸고 "조사원이 잠수해서 조사하다가 문어와 닮은 대형 생물에게 공격을 받았다"라는 괴이한 소문이 돌기도 했다. 하지만 애초에 빙하의 4킬로미터 아래까지 사람이 들어갈 수 있는 큰 구멍을 뚫을 수도 없는 데다 빙저호의 수압도 수심 3000미터의 심해에 상당하는 300기압 이상으로 굉장히 높다. 절대 인간이 다가갈 수 있는 곳이 아니다.

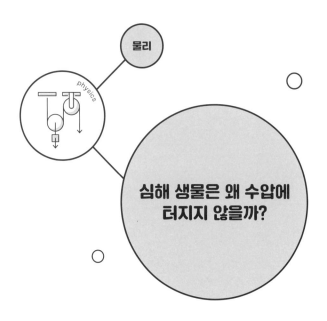

물리

physics

심해 생물은 왜 수압에
터지지 않을까?

심해는 수압이 높다. 심해에서 끌어올린 인스턴트 컵라면 용기가 작게 오그라들어 있는 모습을 텔레비전에서 본 적이 있을 것이다. 컵라면 용기가 수축된 까닭은 용기의 재료인 발포 스티롤의 기포(공기)가 수압에 눌려 찌부러졌기 때문이다.

공기에도 압력이 있어 해발고도 0미터에서 약 1기압, 즉 손가락 끝만 한 넓이를 약 1킬로그램㎏의 힘으로 누르는 것과 거의 같다. 인간을 포함한 지상 생물은 체내에서도 똑같이 1기압에서 밀어내고 있기 때문에 기압은 전혀 문제되지 않는다.

바다에서는 수심이 10미터 깊어질 때마다 1기압씩 더해진다. 잠수용 기구 없이 10미터 깊이로 들어가면 몸 밖에서는 기압과 수압을 더한 2기압만큼 눌리지만 체내에서 바깥으로 밀쳐내는 힘은 1기압 그대로기 때문에 힘이 드는 것이다.

수심 100미터 깊이에서는 손가락 끝에 10킬로그램의 힘이 가해진다. 초인적 체력과 혹독한 훈련을 거친 프리다이빙 선수라면 그 깊이까지 도달할 수 있겠지만, 보통 사람은 견딜 수 없다. 그렇다면 심해 생물은 어떻게 그보다 더 혹독한 환경인 해저에서도 살 수 있는 것일까.

수압은 수심 1000미터에서 101기압이 되는데, 심해 생물은 몸속의 수압을 외부와 같게 하여 체내에서도 밀어내기 때문에 터지지 않고 살아갈 수 있다. 하지만 생물인 이상 체내의 수압을 높이는 데도 한계가 있을 것이다.

그도 그럴 것이 수심 8178미터의 초심해에서 헤엄치는 물고기의 모습은 촬영되었지만 그보다 더 깊은 곳에는 물고기가 없다. 물고기(척추동물)는 생리적 기능의 한계로 체내의 수압을 높이지 못해 수심 8200미터보다 깊은 곳에서는 살 수 없다고 한다.

그런데 옆새우 등의 절지동물이나 해삼은 수심 1만 미터보다 깊은 곳에서도 살 수 있다. 그들이 어떻게 체내 수압을 높게 유지할 수 있는지는 아직 명확히 밝혀지지 않았다.

지구
과학

earth science

무지개는 위에서 보면
어떤 모양일까?

여름날 오후 소나기가 그치고 나면 하늘에서 무지개를 자주 볼 수 있는데, 대개는 활 모양의 원호가 일부 보인다. 무지개를 위에서 보면 어떤 모양일까. 무지개가 하늘에 나타나려면 몇 가지 조건이 갖춰져야 한다.

① 태양이 떠 있어야 한다. 햇빛이 없으면 무지개가 보이지 않는다.

② 태양을 등졌을 때 전방의 공중에 빗방울이 남아 있어야 한다. 태양광선이 빗방울에 반사되면 무지개가 나타난다.

③ 태양의 고도가 42도보다 낮을 때 무지개가 보인다.

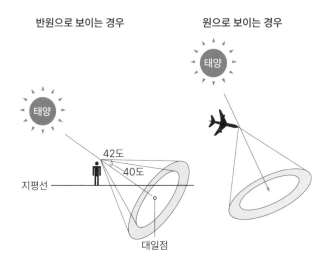

반원으로 보이는 경우 원으로 보이는 경우

태양

태양

42도

40도

지평선

대일점

**지상에서는 반원 형태의 무지개밖에 볼 수 없지만
지상에서 멀리 떨어진 공중에서는 원형 무지개도 볼 수 있다.**

특히 세 번째 조건은 무지개가 보이는 위치와 관련이 있다. 무지개(제1차 무지개primary rainbow)는 보고 있는 사람을 기준으로 할 때 태양과 정반대 위치인 '대일점對日點'을 중심으로 각도 42도의 원뿔 모양으로 나타난다.

태양의 각도가 크면 무지개가 지면에 걸려 보이지 않는다. 폭포 위에서 무지개가 잘 보이는 까닭은 절벽 위여서 아래를 내려다볼 수 있는 데다 용소에 이는 물보라로 인해 공기 중에 물방울이 충분하기 때문이다.

⊙   폭포수가 떨어지는 바로 밑에 있는 깊은 웅덩이.

105

그러므로 무지개를 바로 위에서 보고 싶다면, 비가 내릴 때 고층 빌딩이나 항공기에서 태양을 등지고 아래쪽을 내려다보라. 잘하면 '원형' 무지개를 볼 수 있다.

화창한 날, 태양이 하늘 높은 곳에 떠 있을 때 넓은 곳에서 분무기로 물을 흩뿌려도 좋다. 동그란 무지개가 주위를 빙 둘러 나타날 것이다.

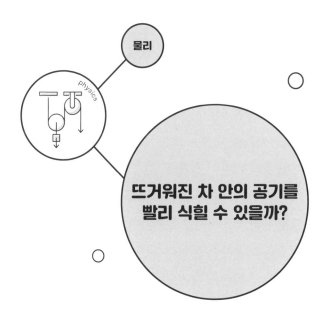

물리

physics

**뜨거워진 차 안의 공기를
빨리 식힐 수 있을까?**

한여름 폭염 속에 자동차를 주차해두면 차 안 온도가 점점 올라가 30분 후에는 50도에 달하고 1시간이 지나면 60도를 넘으며, 차체 색상에 따라서는 70도까지 상승한다. 이런 상태에서는 바로 운전하기 어렵다. 어떻게 하면 단시간에 차 안의 온도를 낮출 수 있을까.

일본자동차연맹JAF에서는 운전자와 도로 이용자의 안전을 위해 차 안 온도의 냉각 방법을 연구하고자 다양한 조건에서 실험을 실시했다. 그 결과 가장 효과적인 방법은 '에어컨·히터 기능 가운데 외부 공기 유입 버튼을 선택하고 창을 모두 연 채 주행하는 방법'으로, 55도이던 차 안 온도(운전자 머리 위치의 기온)를 2분 만에 29도까지 떨어뜨렸다.

그 밖에도 자동차 내부가 환기되도록 차 문을 여러 번 여닫는다거나 좌석에 시판용 냉각 스프레이를 뿌리는 등 다양한 방법을 시도해보았지만, 대부분 별다른 효과가 없었다고 한다. 게다가 차를 달리지 않고 에어컨 온도만 낮춰 차 안 온도를 30도 이하로 내리는 데는 내부 공기 순환에 8분, 외부 공기 도입에 약 10분이 걸렸다.

정리하자면, 창을 연 상태로 에어컨 장치의 외부 공기 유입 버튼을 눌러 작동시키고 주행하다가 몇 분이 지나면 창을 닫고 내부 공기 순환으로 전환하는 방법이 가장 효과가 좋고 아이들링idling˚ 시간도 단축된다. 또한 경제적이고 환경오염도 억제할 수 있다.

다만 이 방법으로는 핸들과 대시보드dashboard˚˚를 급속 냉각시킬 수 없으므로 무심코 손을 댔다가 화상을 입지 않도록 주의해야 한다. 자동차를 그늘에 주차하면 가장 좋겠지만 어쩔 수 없이 햇빛이 내리쬐는 곳에 세워둬야 한다면 단열 커버를 활용하는 것도 도움이 된다.

˚   엔진을 가동한 채 힘 걸림이 없이 저속으로 회전시키는 일.
˚˚ 운전석과 조수석 정면에 있는, 운전에 필요한 각종 계기가 달린 부분.

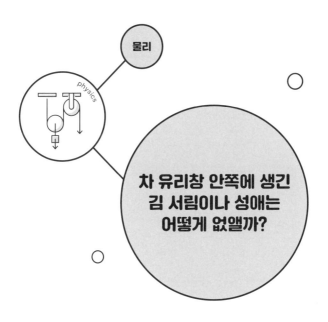

물리

physics

차 유리창 안쪽에 생긴 김 서림이나 성애는 어떻게 없앨까?

　추운 겨울날 아침, 차에 올라타고 얼마 있으면 앞 유리창은 말할 것도 없이 자동차의 모든 창 안쪽에 하얗게 김이 서린다. 아무 조치도 취하지 않으면 점점 짙어져 창밖이 전혀 보이지 않게 된다. 이 상태로는 운전할 수도 없거니와 손으로 쓱 문질러 일시적으로 밖이 보이게 해도 금세 다시 뿌옇게 되므로 여간 위험하지 않다. 서린 김을 힘들이지 않고 빨리 제거하려면 어떻게 해야 할까.

　차 안쪽 유리창에 김이 서리는 것은 바깥공기와 차 안 공기의 온도와 습도 차이로 인해 '결로'가 발생하기 때문이다. 자동차 차체에 사용되는 철과 알루미늄에는 열을 잘 전달하는 성질이 있어서 차 안의 열이 금세 달아나므로 하룻밤만 지나면 외부 공기와 차 안의 기온이 거의 같아진다. 아무도 타고 있지 않을 때는 결로 현상이 일어나지 않는다.

그 상태에서 운전자나 탑승자가 차에 타면 사람의 체온만큼 차 안이 따뜻해진다. 인간의 체표나 의복, 그리고 내쉬는 숨에서 수증기가 공급되고 히터를 켜면 시트와 좌석에 남아 있던 수분도 수증기로 바뀐다. 그렇게 생긴 수증기가 차가운 유리창 안쪽에 부딪히면서 엉겨 자잘한 물방울로 바뀐 것이 바로 '김 서림'이다.

차 유리에 서린 김을 없애려면 차 안의 온도를 바깥 온도와 같게 하든가 수증기를 줄여야 한다. 에어컨에 제습 기능을 히터와 함께 사용해 앞 유리창에 바람을 뿜어주면서 외부 공기를 유입하고 창문을 조금 열어 수증기가 많은 차 안의 공기를 밖으로 내보내는 방법이 효과적이다.

이와 동시에 자동차 에어컨의 '디프로스터defroster(성에 제거 장치)'를 작동하면 좋다. 한편 자동차 뒷유리의 열선을 켜 유리창의 온도를 높이면서 바람을 보내 결로를 없애는 것이 '디포거defogger(김 서림 제거)' 기능이다.

장마철에 실내를 쾌적하게 유지하기 위해 습기를 제거하려고 에어컨을 켜면 이번에는 차 안이 저온 건조해지고 바깥은 고온 다습해지기 때문에 유리창 바깥쪽에 결로가 생기기도 한다. 이때도 창을 약간 열어 바깥공기와의 온도 차이를 줄여보자.

생물

biology

하품은 왜
주위 사람에게 옮을까?

회의 중에 무심코 하품이 나올 때가 있다. 중요한 회의여서 잔뜩 긴장하고 있는데도 참을 수가 없다. 그 모습을 본 주위 사람도 덩달아 하품을 한다. 수면 부족 상태도 아닌데 하품은 왜 옮는 걸까?

여기에는 몇 가지 이유가 있지만, 닫힌 실내 공간에서는 공기 중의 산소가 부족해져서 몸이 더욱 많은 산소를 받아들이기 위해 생리적으로 반응한다는 설을 가장 먼저 떠올릴 수 있다. 이런 이치라면 같은 공간에 있던 사람들이 모두 산소 부족 상태에 빠져 한 사람의 하품을 계기로 주위 사람까지 따라서 하품을 하는 현상이 이해된다.

또한 사람이 뱉어내는 숨에 함유된 이산화탄소의 농도

가 상승한다는 점도 생각할 수 있다. 실내를 충분히 환기시키지 않아 이산화탄소량이 외부 공기의 약 2배가 되면 사고력이 둔해지고, 4~5배가 되면 많은 사람이 졸음을 느낀다고 한다.

하지만 1987년에 실시한 실험에서 하품 횟수의 증감과 공기 중의 산소나 이산화탄소 농도와는 아무 관련이 없다는 사실이 명백히 드러났다. 또한 생리적 측면에서 나온 견해도 있다. 2007년에는 하품을 하면 뇌로 가는 혈류가 증가해 결과적으로 뇌의 온도를 낮춘다고 판명되었다. 회의 등에서 하품이 연달아 나오는 것은 생각에 몰두한 상태가 계속되고 있기 때문이며, 뇌를 평온한 상태로 되돌리기 위해 하품이 나온다고 한다. 하지만 이 주장은 아직 검증 단계에 있다.

2010년에는 사회학적 접근으로 하품 전염에 대한 새로운 의견이 등장했다. 항온동물만이 아니라 도마뱀 같은 변온동물도 하품을 한다는 것이다. 어느 정도의 사회성이 인정되는 동물 집단에서는 긴장을 완화하기 위해 하품을 하며, 집단 속 타자에게 '자신은 무해한 존재'라고 어필하는 의미가 있다고 한다.

인간 집단에서의 하품 전염에 관해 조사한 실험에서는 타인끼리 모인 그룹보다 아는 사람이나 가족끼리 모인 그룹에서 더 쉽게 하품이 전염된다는 결과가 나왔다. 면식 여부나 친구, 가족 등 집단의 친밀도도 관련이 있다고 한다.

아직도 결론은 나지 않았지만 생리적 요인과 사회적 요

인이 복잡하게 얽혀 하품 전염 현상이 발생하고 있는 것으로 추측된다.

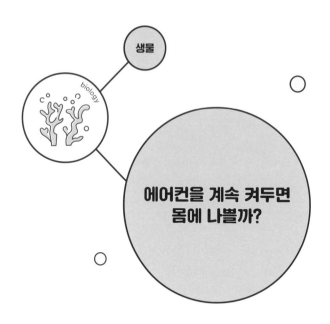

생물

biology

에어컨을 계속 켜두면 몸에 나쁠까?

열사병 위험 때문에 도시에서는 이미 에어컨이 여름철 필수품이 되었다. 잠잘 때 에어컨을 켜두면 몸이 차가워져 건강을 해친다고 생각해 더워도 참는 것이 좋다는 사람도 있다. 실제로는 어떨까?

땡볕 아래서 운동을 하거나 강한 자외선을 받으며 길을 걷다가 어지럽고 피로를 느끼는 사례가 많다 보니 열사병이라고 하면 꼭 야외에서 발생하는 것으로 인식하는 사람이 많다. 하지만 이러한 오해는 열사병의 한 가지 측면밖에 보지 않는 데서 비롯된다.

일본의 후생노동성이 발표한 자료에 따르면, 열사병으로 사망한 사고 가운데 실내에서 발생한 사례가 야외에서 발생한 경우보다 압도적으로 많다. 게다가 그 경향은 연령이 올라갈수록 높아져 65세 이상의 열사병 사망 사고 가운데 약 78퍼센트(2018년에 공표된 2017년도의 통계 수치)가 실내에서 발생한 것으로 밝혀졌다.

연도마다 여름(6~9월)의 더위 정도에 따라 다소 변동은 있지만 2000년쯤까지는 연간 100~200명이던 열사병 사망자 수가 이후로는 매년 증가하고 있다. 여름이 유난히 더웠던 2010년에는 7월에 657명, 8월에 765명으로, 여름 한 철에만 약 1700명이 사망했다. 최근 몇 년간은 열사병에 대해 주의를 환기시키는 분위기가 확산되어 사망자 수가 줄어들었지만 여전히 600명 이상에 달한다.

기상청이 발표한 통계에서 폭염으로 최고기온이 35도를 넘는 날과 밤의 최저기온이 25도를 넘는 열대야의 일수 추이를 열사병 사망자 수의 추이와 비교해보면, 폭염보다 열대야 쪽이 열사병과 더 깊이 관련되어 있다. 그러므로 주거 환경에 따라 다르기는 하지만, 더운 여름밤에 에어컨을 켜지 않고 자는 것이 몸에 더 나쁘다고 할 수 있다.

최근에 출시되는 에어컨에는 에너지 절약 기능이 있으니, 더울 때 간헐적으로 켰다 껐다를 반복하기보다 적절한 온도로 설정해 계속 켜놓는 방법이 오히려 전력 소모를 줄일 수 있다. 또한 에어컨에서 나오는 냉풍이 오래도록 몸에 직접 닿으면 체온을 빼앗겨 건강에 해로우므로 실내 전체의 공기가 적절한 온도로 유지되도록 항상 유념하자.

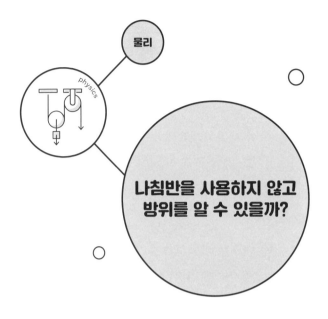

물리

physics

나침반을 사용하지 않고
방위를 알 수 있을까?

　현대사회에서는 나침반을 사용하지 않고 방위를 알아낼
수 있다고 해서 크게 도움 될 일은 없다. 만에 하나, 서바이벌
상황에 처한다고 해도 방위를 확인하기 전에 해야 할 일이
많기 때문이다. 다만 세상 모든 일이 그렇듯, 모르는 것보다
알아두는 편이 안심되기는 한다.

　우리는 "나무 그루터기에 나 있는 나이테를 보면 나이테
의 간격이 넓은 쪽이 남쪽"이라는 말을 흔히 듣는다. 햇볕이
오래 내리쬐는 쪽에서 식물의 성장이 더 활발해 나이테 사이
의 간격이 넓어진다는 이론은 어떤 의미에서는 과학적인 설
명일 수 있다. 하지만 그 정도로 상황을 설명하기에 딱 알맞
은 그루터기가 있다고도 볼 수 없으며, 또한 실제로 그루터

기를 관찰한 결과 이는 불확실한 견해로 드러났다. 그보다는 '수목의 줄기나 돌에 이끼가 나 있는 쪽이 북쪽'이라는 설이 신뢰도가 높다.

하늘을 보았을 때 해와 달이 떠오르는 방향이 대략 동쪽이고 지는 쪽이 서쪽이라고 짐작할 수 있다. 지구의 북반구 쪽에 있다면 지면에 막대기를 세워 해시계처럼 그림자의 길이를 기록했을 때 그림자가 가장 짧은 방향이 '북쪽'이라고 판단할 수 있다.

또한 밤하늘에서 북극성을 찾게 된다면 그쪽은 분명 '북쪽'인 것이다. 별자리를 분간할 수 있다면 눈에 보이는 별자리의 형태로 방위를 가늠할 수도 있다. 또 초승달이나 반달 등 달 모양으로 알아내는 방법도 있다. 하지만 북극성은 북반구에서만 보인다. 해외여행으로 남미나 아프리카, 오스트레일리아 같은 남반구 국가에 가면 밤하늘에 보이는 별자리가 너무 달라서 이 분야에 박식한 사람도 헷갈릴 수 있다.

생물

버스에서 멀미가
나지 않는 좌석이 있다?

차멀미가 고통스러워 버스 여행을 꺼리는 사람도 있을 것이다. 예전에는 타이어 위쪽 좌석이나 엔진에 가까운 자리는 주행 시 차의 진동이 전달되어 차멀미가 잘 나므로 피하는 것이 좋다고 알려져 있었다. 즉 앞에서 네댓 번째 통로 쪽이 진동도 덜하고 차가 커브를 돌 때 가속도가 적어서 차멀미가 잘 나지 않는다고 했다.

최근에는 장거리를 이동할 때 요금이 저렴한 심야 버스를 이용하는 사람도 많은데, 심야 버스에서는 예전처럼 차멀미를 호소하는 사람이 적다고 한다. 확실히 자동차 기술이 발전해 엔진이나 타이어의 진동이 예전처럼 많이 느껴지지 않는다. 하지만 정말 이유가 그것뿐일까?

차멀미에 관한 연구가 진행되자 차멀미를 일으키는 주요 원인은 시각으로 얻는 몸의 흔들림이나 치우침 정보가 속귀에 있는 반고리관에서 느끼는 몸의 흔들림이나 치우침 정보와 일치하지 않기 때문이라는 사실이 밝혀졌다. 그래서 뇌가 혼란스럽고 두통이 생겨 몸 상태가 나빠지는 것이다.

심야 버스의 경우, 창밖이 깜깜한 데다 도로의 조명이나 반대 방향에서 오는 자동차의 헤드라이트 불빛이 눈에 들어오지 않도록, 그리고 프라이버시 보호 차원에서도 시야를 차단할 수 있게 커튼이 구비되어 있다. 시각 정보가 제한되므로 뇌가 혼란에 빠지지 않는다.

그런데다 최근에는 멀미를 방지하는 특수 안경(제품명 '시트로엥Seetroën')이 출시되었다. 안경이라고 하지만 렌즈는 끼워져 있지 않으며, 동그란 안경테가 파이프 모양으로 되어 있고, 파이프 속에 파란색 액체가 절반가량 들어 있다. 액체가 차의 움직임이나 가속도에 따라 전후좌우로 흔들려 반고리관이 느끼는 감각과 같도록 유사한 수평선을 시야의 끝에 보여준다. 제조사인 프랑스 시트로엥은 반고리관과 시각 정보를 일치시켜 뇌의 혼란을 막음으로써 차멀미를 억제하는 이 안경의 효과가 95퍼센트에 달한다고 선언했다.

결과적으로 버스에서 진동이 적은 좌석을 선택하는 것은 반고리관에서 전달되는, 구토를 일으키는 기관에 대한 자극을 감소시킨다는 점에서 이치에 맞는다. 차멀미약도 반고리관과 반고리관에서 구토 중추에 미치는 자극을 억제하는 타입이 많다.

더욱이 차멀미는 불쾌감과도 관련이 깊다. 사람에 따라서는 차 안 냄새나 환풍기의 작동 상태, 주변 소음, 인기척 등 정신적 요인도 차멀미를 일으키는 원인으로 작용한다. 차멀미를 피하려면 전날 수면을 충분히 취하고 가능한 한 좋은 컨디션으로 차를 타는 것이 바람직하다. 또한 속이 메슥거리기 전에 멀미약을 먹는 것도 효과적인 방법이다.

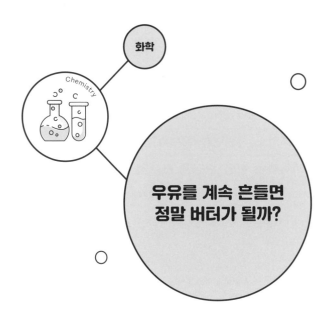

화학

Chemistry

우유를 계속 흔들면
정말 버터가 될까?

우유를 계속해서 흔들면 어떻게 될까? 팔이 아프다. 이
말은 농담이고, 우유를 오래 흔들면 버터가 된다. '그렇게 쉽
게 만든다고?'라고 생각할지 모르지만 제대로 된 버터를 만
들려면 상당히 어려운 문제를 해결해야 한다.

우선 우유의 종류다. 일반적으로 우유로 시판되는 제품
에는 종류별 명칭이 '우유'라고 표기되어 있는 것을 비롯해
'성분 조정 우유', '저지방 우유', '무지방 우유'가 있다. 게다가
'가공유'나 '우유 음료'도 우유의 종류로 인식되어 마트 판매
대에 함께 놓여 있다. 그중에서 흔들면 버터가 되는 제품은
유지방분 3퍼센트 이상 함유된 '전지유non-homogenized milk'다.

전지유는 균질화homogenized하지 않은 우유를 가리킨다.

균질화한 생우유에 압력을 가해 우유를 형성하고 있는 지방구를 작은 크기의 소구체로 줄여 성분과 특성을 균일하게 만드는 것을 뜻한다. 균질화 과정을 통해 살균 처리의 효율성을 극대화하고, 맛을 균일화하며, 마신 뒤 소화 흡수를 돕는 것이다. 시판 우유는 대부분 균질 우유이며 전지유의 유통량은 상대적으로 적다.

페트병에 전지유를 넣고 뚜껑을 꼭 잠근 다음 얼음물에 담가 차게 하면서 20분 정도 쉬지 않고 세게 흔들면 지방구가 분해되면서 안에 있는 지방과 결합해 덩어리가 된다. 그다음 망에 넣어 거르면 유지방이 굳은 버터를 얻을 수 있다. 단, 우유의 유지방분은 3~4퍼센트로, 우유 1리터에서 얻을 수 있는 버터는 두 스푼 정도밖에 되지 않는다. 남은 액체는 저지방 우유(또는 무지방 우유)이므로 맛있게 먹으면 된다.

전지유 대신에 생우유의 유지방분을 농축한 '생크림'으로 시도해봐도 좋다. 생크림은 유지방분이 18퍼센트 이상이므로 더 쉽게 버터를 만들 수 있다.

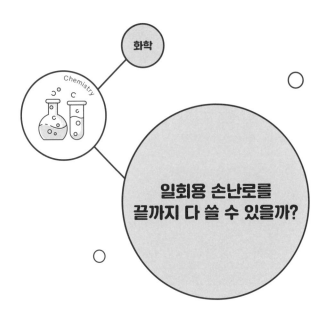

화학

Chemistry

**일회용 손난로를
끝까지 다 쓸 수 있을까?**

추운 겨울에는 '일회용 난로'가 무척 유용하다. 불을 사용하지 않고도 봉지를 뜯기만 하면 언제 어디서든 금세 따뜻해지는 데다가, 다 쓰고 나면 쉽게 처분할 수 있는 편리성과 가격이 저렴하다는 장점에 인기를 얻어 널리 보급되었다. 흔히 핫팩으로 불리는 일회용 손난로는 일본에서 고안해 전 세계에서 애용하고 있다.

한 가지 고민은 짧은 시간 동안만 사용하고 싶을 때다. 보통 크기일 경우 한 번 봉지에서 꺼내면 6~12시간은 지속되므로 1~2시간 사용하고 나서 그대로 버리기에는 너무 아깝다.

핫팩은 철분과 물을 함유한 버미큘라이트vermiculite(질석)

와 활성탄을 공기만 통하게 한 부직포(짜거나 뜨지 않고 섬유가 서로 얽히도록 기계 처리해 만든 직물) 봉지에 넣은 것이다. 그리고 겉봉지는 공기를 차단하는 필름으로 만들어졌다. 겉봉지에서 핫팩을 꺼내면 철이 공기 중의 산소와 달라붙어 산화철이 되는데(녹이 스는 현상), 이때 생기는 반응열로 최고 약 60도, 평균 50도 전후의 열을 낸다. 물을 함유한 버미큘라이트와 활성탄이 화학반응을 일으켜 열의 지속 시간과 온도를 조절하는 기능을 한다.

사용하는 도중에 열이 식더라도 비비거나 흔들면 다시 따뜻해지는 이유는, 아직 반응하지 않은 철분과 공기(산소)를 접촉시키기 위해서다. 이 원리를 알면 더 이상 핫팩을 아깝게 낭비하지 않을 수 있다. 필요 없을 때는 화학반응을 멈추게 하고 필요할 때 다시 사용하면 된다.

구체적으로 설명하면, 마트 같은 데서도 손쉽게 구할 수 있는 폴리에틸렌 '지퍼백'에 핫팩을 넣어 봉지 안의 공기를 최대한 빼내고 밀봉해둔다. 나중에 사용하고 싶을 때 지퍼백에서 꺼내면 다시 따뜻해지므로 핫팩의 열 지속 시간이 끝날 때까지 몇 번이고 사용할 수 있다.

핫팩 제조 회사도 내열성과 완전한 공기(산소) 차단을 위해 폴리에틸렌 봉지보다 기밀성氣密性이 높은 알루미늄포일을 끼운 다층필름을 재료로 한 전용 상품을 내놓고 있다.

일회용 손난로의 겉봉지에 처음부터 지퍼를 달아놓으면

편리할 거라고 생각하겠지만 낭비 없이 장시간 사용하게 되면 회사의 매출은 떨어질지도 모른다.

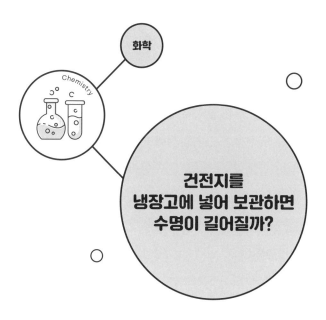

화학

Chemistry

건전지를
냉장고에 넣어 보관하면
수명이 길어질까?

항간에는 사실인지 아닌지 불확실한 이야기가 많이 떠도
는데, 대부분 근거가 애매하지만 개중에서 과학적으로 신빙
성이 있음 직한 내용은 오늘날까지 강하게 회자되어 믿는 사
람도 적지 않다.

"건전지를 냉장고에 넣어두면 수명이 오래간다"라는 말
도 그러한 경향이 두드러진다. 건전지는 내부에서 화학물질
이 반응해 전기를 만들어낸다. 아무것도 하지 않아도 매우
천천히 화학반응이 진행되고 마침내 자연 방전으로 소모된
다. 따라서 국내용 제품에는 권장 사용 기한이 정해져 있다.

건전지의 권장 사용 기한은 '미사용 건전지를 그 기한 안
에 사용하기 시작하면 건전지가 정상으로 작동하고 규격에

정해진 성능을 발휘할 수 있다'는 의미다.

자연 방전을 방지하고 건전지를 오래 사용하려면 어떻게 해야 할까. 건전지를 보관하는 장소로 고온 다습한 환경이 적합하지 않은 것은 분명하지만, 이 사실이 왜곡되어 '화학반응을 억제하려면 온도를 낮춰라'라는 이야기가 '냉장고에 보관하라'는 말로 퍼진 것일 수도 있다. 하지만 건전지를 냉장고에서 보관하면 단점이 더 많다.

건전지를 보관하는 데 적절한 온도는 10~25도, 습도는 40~90퍼센트다. 그런데 가정용 냉장고는 10도 이하이므로 온도가 너무 낮다. 따라서 건전지를 냉장고에 넣어두었다가 꺼내면 결로 때문에 녹이 생기거나 누전이 일어나 건전지가 소모될 수 있다. 만에 하나라도 건전지에 합선short circuit이 일어나면 온도가 급격히 상승해 건전지가 파열될 우려가 있으니 조심해야 한다.

건전지의 권장 사용 기한은 망간건전지라면 제조일로부터 2~3년, 알칼리건전지라면 5~10년이다. 기한이 지나면 설령 외관상 변화가 없더라도 내부에서는 소모되었을지도 모른다. 장기 보관이 가능한 건전지도 있지만, 기본적으로 다음과 같은 몇 가지 방법으로 올바르게 사용하는 것이 좋다.

① 되도록 미리 사두지 말고 필요할 때마다 구입해서 사용한다.

② 권장 사용 기한이 다른 건전지를 함께 사용하지 않는다.

③ 기기를 사용하지 않을 때는 건전지를 빼둔다.

④ 다 사용하면 양극과 음극에 테이프를 붙이고 분리 수
  거함에 버린다.

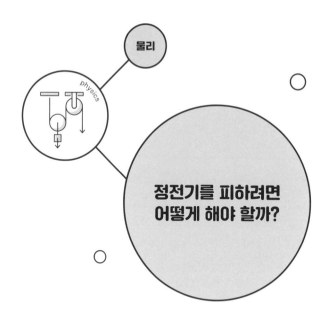

물리

정전기를 피하려면
어떻게 해야 할까?

문손잡이 등 금속을 만지면 '찌릿!' 하고 몸에 정전기가
발생한다. 이런 생각지도 못한 충격과 아픔이 싫어서 겨울이
되면 문손잡이를 잡기 꺼리는 사람도 많을 것이다.

겨울을 앞두고 다양한 '정전기 방지 용품'이 시판되고 있
지만 아무래도 활용하기가 쉽지 않다. 정전기는 일상생활에
서 약간 몸을 움직이기만 해도 발생하며 다른 사람과 스쳐
지나갈 때도 곧잘 일어나기 때문이다. 팔찌 모양의 정전기
방지 제품은 항상 팔에 차고 있을 수 있어 유용할 것 같지만
실제로는 정전기 방지 효과가 거의 없다.

정전기의 충격을 받지 않으려면 자신의 몸을 전기를 띠
기 어려운 상태, 즉 정전기가 머물지 않도록 만들어야 한다.

면과 마, 견 등의 섬유로 만든 직물은 대전되기 어렵다.

정전기는 주로 의류에서 발생하므로 옷을 입을 때 정전기가 잘 일어나지 않는 직물끼리 맞춰 입는 것이 좋다.

각각의 물질에는 전기를 띠기 쉬운 성질이 있는데 이를 순서대로 나타낸 것을 '대전열'이라고 한다. 의복에 주로 사용하는 섬유의 대전열을 플러스에서 마이너스로 나열하면, '나일론→모→레이온→견→면(목면)→마→아세테이트→폴리에스테르→아크릴' 순이다.

이들 섬유로 만든 옷을 겹쳐 입을 때 나일론과 폴리에스테르와 같이 동떨어진 두 종류를 조합하면 대전량이 커지지만 견과 면은 대전량이 적다. 정전기가 일어나지 않게 하려면 전부 목면 소재의 옷을 입는 것이 가장 좋은 방법이지만 추워서 옷을 여러 개 겹쳐 입어야 하는 겨울에는 실천하기 어렵다. 사람마다 입는 옷이 다르므로 각자 대전량도 다르다. 악수하려다가 강렬한 방전이 일어나기도 한다. 의류의 대전열 차이를 작게 해 정전기 발생 자체를 억제하고 싶다면 보습 효과가 있는 섬유 유연제를 사용하자.

그래도 정전기가 발생해 견딜 수 없다면 유기용제를 사용하는 화기 엄금 현장이나 정밀한 반도체 조립 작업장 등 정전기를 철저하게 차단하는 일터에서 착용하는 '정전화'나 '도전화'를 신는 것도 효과적이다. 이 제품들은 인체에 쌓인 전기를 발에서 지면으로 발산시키는 기능이 뛰어나다.

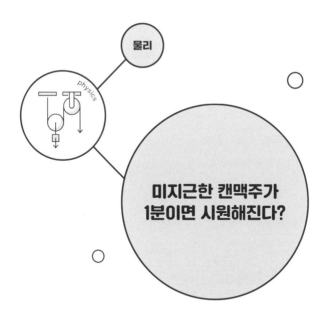

물리

physics

미지근한 캔맥주가
1분이면 시원해진다?

더울 때 마시는 '시원한' 맥주! 목에 차갑게 닿는 상쾌한 느낌을 떠올리며 오늘 하루도 애썼다고 자신을 격려하려는 순간, 미지근한 캔맥주밖에 없다면 어떻게 할까. 맥주가 아닌 다른 음료라면 얼음을 잔뜩 넣은 잔에 따라 급랭하는 방법도 있지만, 맥주에 얼음을 넣으면 거품이 일어나는 데다 얼음이 녹아 맛이 싱거워진다. 그렇다고 냉장고에 넣어 차게 하기에는 시간이 너무 오래 걸린다. 하지만 절망하지 말고 이런 방법을 시도해보자.

우선 캔맥주를 눕혀 넣을 수 있도록 캔보다 조금 더 큰 용기를 준비한다. 용기에 얼음을 적당히 넣고 물을 부어 얼음물을 만든다. 얼음물은 캔맥주 옆면이 반쯤 잠길 정도의 양이 적당하다. 그리고 얼음물에 캔맥주를 가로눕혀 넣고 손가락으로 캔을 굴리면서 살살 회전시킨다. 1~2분 동안 40번 정도 빙빙 굴리면 좋다. 손가락이 차게 느껴지면 맥주가 마시기에 딱 맞게 시원해진 것이다.

캔맥주의 캔은 알루미늄이다. 일상에서 쉽게 접하는 금속 가운데서도 알루미늄은 은, 구리, 금 다음으로 열을 잘 전달하기 때문에 얼음물에 닿으면 캔 부분이 금세 차가워져서 안에 들어 있는 맥주도 시원해진다. 캔을 굴리면 용기 안의 액체, 즉 맥주가 캔이 회전하는 대로 따라 움직이며 고루 섞여 단시간에 전체가 균일하게 차가워지는 것이다.

캔맥주를 차갑게 하는 데는 그 밖에도 다양한 방법이 있지만, 결과적으로 이 방법이 가장 효과가 좋다고 한다. 손이 차가워지지 않도록 캔을 돌리는 손잡이가 붙어 있거나 전동으로 캔을 돌리는 전용 용기도 시판되고 있다.

맥주의 적정 온도는 종류에 따라 다르다. 라거(필스너 pilsner)계˚ 맥주와 제2의 맥주라고 불리는 발포주˚˚는 4~9도가 마시기에 가장 좋은 온도. 각 지역 맥주에 많은 페일 에일Pale Ale류˚˚˚는 약 13도로, 너무 차게 하면 오히려 맛이 떨

˚ 아래에 가라앉는 효모로 발효시키는 하면 발효 맥주.
˚˚ 제조 시 맥아 비율과 부원료에 따라 맥주와 구분해 일본 주세법에서 정의한 술의 종류.
˚˚˚ 표면으로 떠오르는 효모로 발효시키는 상면 발효 방식으로 생산하는 영국식 맥주.

어지므로 주의하자.

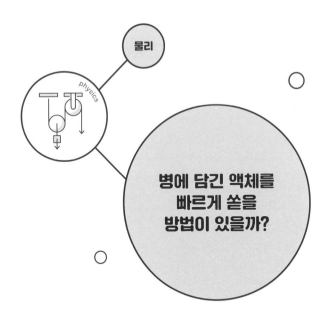

물리

physics

병에 담긴 액체를
빠르게 쏟을
방법이 있을까?

최근에는 술을 제외하고 병에 담긴 음료를 보기가 좀처럼 쉽지 않다. 액체를 보존하는 데 주로 페트병을 이용하기 때문이다. 내용물의 용량은 한됫병이 1.8리터고 일반적인 페트병은 2리터로 되어 있다. 하지만 뚜껑 입구의 바깥지름은 한됫병이 약 31밀리미터㎜고 페트병이 약 28밀리미터로 큰 차이가 없다.

유리병과 페트병은 모두 입구가 좁아서 안쪽을 닦을 때 안에 들어 있는 액체를 재빨리 밖으로 쏟아내기가 힘들다. 병을 거꾸로 돌려 쏟아도 안에 있는 액체가 잘 나오지 않는다. 이는 중력에 의해 액체가 아래로 떨어지려는 성질 때문에 내부에 남은 기압이 낮아져 주변 공기(대기압)가 입구에서 나

가려는 액체를 되돌려 보내기 때문이다.

그러면 어떻게 해야 할까. 유리병이나 페트병 안의 압력을 외부 공기와 똑같이 1기압으로 만들어주면 액체가 자연스럽게 밖으로 흘러나온다. 긴 빨대를 병 입구에서 안으로 넣어 빨대를 통해 공기를 내보내는 방법도 있지만 그보다는 유리병 또는 페트병을 세운 채로 양손으로 쥐고 안의 액체를 회전시키듯이 휘휘 돌리면 도구를 사용하지 않고도 빠르게 내용물을 쏟아낼 수 있다. 처음에 1~2회 세게 돌리면 액체의 회전이 멈추지 않고 지속되므로, 그다음에는 손으로 꽉 잡고 있기만 해도 된다.

그러면 용기 안에서는 액체가 회오리치듯 원심력을 통해 주변으로 끌어당겨져 액체 중앙의 최하 수면이 내려간다. 마침내 중앙에 공기가 통하는 길이 생겨 바깥공기를 끌어들이면서 액체가 빠른 속도로 흘러나오는 것이다.

이 방법을 사용하면 원형 술병은 2초 정도, 각진 형태의 페트병은 4초 정도면 안에 든 물이나 액체를 다 쏟아 버

이 방법을 사용하면 병 안의 물이 밖으로 빠르게 쏟아져 나온다.

릴 수 있다. 언젠가 필요할 때가 있을지도 모르니 큰 페트병이 있다면 미리 시험해보는 것도 좋겠다.

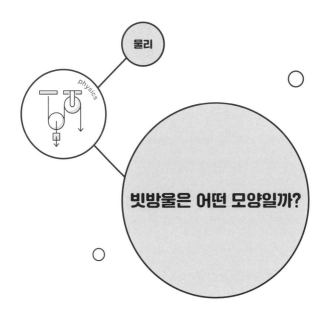

물리

physics

빗방울은 어떤 모양일까?

　때로는 일상생활에 큰 도움이 되지는 않지만 알아두면 좋을 지식이 호기심을 자극한다. 이러한 지식을 얼마나 알고 있는지가 교양의 깊이를 보여준다고도 할 수 있다. 예를 들면 빗방울의 모양과 크기가 그러하다.

　일러스트 같은 데서 빗방울을 보면 대개 아래쪽이 볼록하게 부풀어 있고 위쪽으로 갈수록 가늘고 뾰족한 '눈물 모양'으로 그려져 있는 경우가 많다. 하지만 실제로 구름에서 떨어질 때 빗방울은 '공 모양'이다.

　높은 표면장력을 지닌 물은 빗방울로 떨어지는 동안 표면적이 더욱 작은 형태가 되려고 한다. 그래서 떨어지는 방향의 뒤쪽에, 길게 늘어난 눈물 모양보다 표면적이 작은(아무 데도 접해 있지 않은 상태라면) 공 모양이 된다.

빗방울이 공 모양인 것은 '싸라기눈'이라는 기상 현상에서도 확인할 수 있다. 싸라기눈은 비가 내리는 도중에 빙점 이하의 기온인 대기층을 통과하며 빗방울이 얼어 그대로 내리는 현상이다. 이에 따라 지상에서는 예쁜 공 모양이던 얼음이 후드득 흩날리면서 내린다.

게다가 떨어지는 빗방울은 '공기저항'을 받는다. 공기저항이 강한 이유는 빗방울의 낙하 속도, 즉 '빗방울의 무게=한 방울 크기'와 관련이 있다. 낙하 속도는 비의 세기이므로 빗방울의 지름이 0.5밀리미터 이하면 가랑비, 빗방울의 지름이 1밀리미터 정도면 촉촉하게 내리는 비, 그리고 2밀리미터 전후면 좍좍 소리를 내며 굵고 거세게 내리는 비다. 비의 세기가 이 정도까지면 공기저항이 그렇게 세지는 않아 빗방울이 거의 공 모양 그대로다.

하지만 빗방울의 크기가 지름 2밀리미터를 넘으면 낙하 속도도 빨라져 마치 양동이를 뒤엎은 듯한 기세로 퍼붓는다. 그러면 공기저항도 커지기 때문에 빗방울의 아래쪽이 눌려 찌부러진 만주˚ 같은 모양이 된다.

만주 모양이 된 빗방울은 공기저항을 더욱 세게 받게 되므로 얼마 못 가 분열해서 작은 공 모양의 빗방울로 되돌아

˚ 밀가루나 쌀가루로 만든 반죽에 팥소를 넣어 찌거나 구운 과자.

간다. 따라서 어떤 비가 쏟아지든 공기 중에서 떨어지는 동안에는 눈물 모양이 되지 않는다.

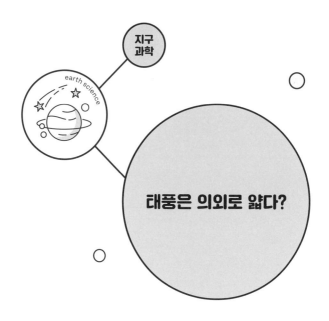

지구
과학

earth science

태풍은 의외로 얇다?

태풍은 매년 20~30개 발생하는데 그 가운데 절반 이상이 7월에서 10월 사이에 일본 쪽으로 접근한다. 열도를 종단하는 대형 대풍이 자주 상륙하는 9월에는 특히 기상위성에서 보내오는 태풍 영상에 주목하게 된다.

기상청에서는 매초 15미터 이상의 평균풍속을 '강풍'이라고 하고, 그 강풍이 부는 지역의 반경이 500~800킬로미터 미만인 태풍을 '대형', 그리고 반경이 800킬로미터 이상인 태풍을 '초대형'이라고 부른다.

그렇다면 태풍의 두께는 어느 정도일까? 태풍의 눈 자체에는 상공에서 지상까지 구름이 없고, 그 주변에 구름이 벽처럼 우뚝 솟은 모습으로 그려진 상당히 입체적인 화면을 텔

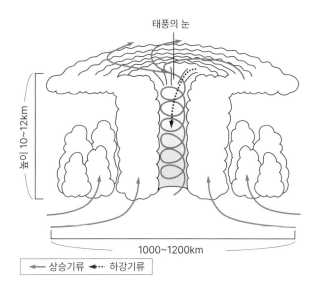

태풍은 지름에 비해 두께가 굉장히 얇다.

레비전에서 볼 수 있다. 하지만 이 그림에는 심각한 결함이 있다. 설명을 쉽게 하는 데 중점을 두다 보니 세로 방향으로 표현된 태풍의 두께를 극단적으로 과장해놓은 것이다.

태풍의 두께, 즉 높이는 최고 12킬로미터 정도로 일반적으로는 10킬로미터밖에 되지 않는다. 가로 방향의 넓이, 즉 지름이 1000킬로미터나 된다는 사실을 생각하면 상당히 얇은 편으로, 태풍의 높이와 넓이를 비율로 따지면 약 '1 대 100'인 셈이다.

우리 주변에서 가로와 세로의 비율이 1 대 100인 원반 모양을 찾아보면 CD나 DVD 등의 광디스크를 예로 들 수 있다. 광디스크는 두께가 1.2밀리미터이고 지름이 12센티미터이므로 딱 1 대 100의 비율이다. 그러므로 거대한 대형 태풍이 광디스크처럼 얇다고 할 수 있다.

참고로 말하면, 앞서 프롤로그에서 언급한 은하계도 두께가 약 1000광년(광년은 빛이 1년 동안 나아가는 거리)인 데 반해 지름은 약 10만 광년으로, 가로와 세로의 비율이 '1 대 100'이다. 광디스크와 마찬가지로 매우 얇다.

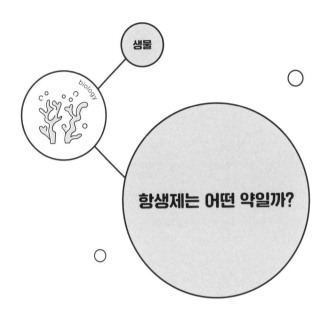

생물

biology

항생제는 어떤 약일까?

　의사가 처방하는 약 가운데 '항생제'가 있다. 그럴듯한 명칭 때문에 약효가 좋은 것처럼 느껴지지만 "증상이 다 나아도 정해진 시간에 맞춰 전량을 복용하십시오"라고 쓰인 주의 사항을 읽으면 의아한 생각이 든다. 항생제(항생물질)는 어떤 약일까.

　항생물질의 역할은 한마디로 '세균의 증식을 억제하는' 것이다. 인체에 침입한 세균이 때때로 체내 면역 기능이 살균하는 속도보다 빠르게 증식해 다양한 증상을 일으키는데, 이때 항생물질이 세균의 증식을 억제한다.

　착각하지 말아야 할 점은 항생제에 '살균 효과는 없다'는 사실이다. 그래서 복용을 도중에서 그만두면 체내에 약간 남아 있던 세균이 다시 늘어난다. 세균의 세대교체는 매우 단시간에 일어나며, 체내에 있는 대장균은 조건만 갖춰지면 약 30분 사이에도 분열한다. 장염비브리오균은 15분 만에 약 2배, 그리고 2시간이 지나면 2의 8제곱으로 약 256배 증가한다.

또한 인플루엔자나 홍역, 특히 전염력이 강한 질환의 병원체는 대부분 바이러스이므로 항생물질은 도움이 되지 않는다. 하지만 바이러스 감염으로 약해진 몸에는 세균이 침입하기 쉽기 때문에 이러한 질병에도 항생제를 처방하는 경우가 있다.

세균의 종류에 따라 사용해야 하는 항생물질도 정해져 있다. 원래는 세균의 종류를 특정해 그에 맞춰 적당한 양의 항생제를 복용해야 한다. 최근 몇 년 사이에 항생물질의 과다 복용으로 항생물질의 효과가 나지 않게 갑자기 변이를 일으킨 내성균이나, 여러 항생물질이 전혀 듣지 않는 다제내성균이 등장해 의료계에서는 심각한 문제로 대두되었다.

최종적으로 인체에 나쁜 작용을 하는 세균 자체나 세균이 내뿜는 독소 때문에 상처 입은 세포는 인체의 면역 기능이 처리해 치유되므로, 무엇보다 중요한 것은 '면역력'이라고 할 수 있다. 항생물질은 그 자가 치유 능력을 돕는 역할을 하는 만큼 의사의 처방에 따라 올바르게 복용해야 한다.

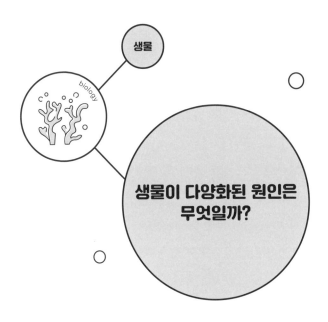

생물

biology

생물이 다양화된 원인은 무엇일까?

지구에 생명이 출현한 것은 지금으로부터 약 38억 년 전이라고 한다. 어디서 어떻게 생겨났는지에 관해서는 여러 가지 설이 있지만, 최초의 생명이 세균처럼 매우 단순한 구조였다는 점에서는 생물학자들의 의견이 일치한다. 그 단순한 구조의 생명이 동식물을 포함해 현재와 같은 다종다양한 생물로 진화한 것이다.

진화 과정은 어느 정도 화석으로 추정할 수 있다. 가령 조류의 조상이 공룡이라고 판명된 것도 조류와 공룡의 공통적 특징을 지닌 화석이 발견되었기 때문이다. 생물은 단계적으로 진화하고 그 전과 후를 이어주는 생물이 어딘가에 존재했다는 견해가 일반적이었다.

그런데 지금부터 5억 4200만~5억 3000만 년 전, 그 전후의 화석과는 연결 지어 생각할 수 없는 생물종이 폭발적으로 증가했다. 그 시기가 고생대 캄브리아기였기 때문에 '캄브리아기 대폭발Cambrian explosion'이라고 부른다.

그 이전의 지층에서도 대형 다세포생물의 화석이 발견되기는 했지만 모두 껍데기나 골격이 없고, 형태와 구조가 전체적으로 단순했다. 그런데 캄브리아기의 화석을 보면 현존하는 새우나 곤충 같은 절지동물에 속하는 것, 물고기(척추동물)의 조상이라고 할 수 있는 등뼈 모양의 신경을 지니고 있는 척삭동물, 지렁이와 거머리 같은 환형동물 등 동물군에 커다란 집단이 여러 개 탄생하고 단번에 다양화되었다. 그뿐 아니라 수많은 생물학자가 '어떻게 그렇게 된 거지?' 하고 의아해할 정도로 기묘하고 이상야릇한 형태의 바다생물도 존재했다.

이러한 폭발적 진화, 즉 다양화는 왜 일어났을까? 종래에는 급격한 기후변동으로 지구 전체가 얼어붙는 '눈덩이 지구snowball earth'가 그 계기가 되었다는 가설이 있었다. 하지만 지금은 앤드루 파커Andrew Parker의 '빛 스위치light switch 이론'이 조명받고 있다.

빛 스위치 이론은 삼엽충 등 '눈'을 가진 생물이 우연히 탄생하자 다른 생물을 포식하기가 수월해져 '먹고 먹히는' 관계가 더욱 심해졌다는 것이다. 먹히는 생물 쪽에서는 딱딱한 껍데기를 가졌거나 재빨리 도망치고 능숙하게 몸을 숨길 수 있는 생물들이 살아남고, 포식자 쪽에서는 사냥하는 데 적합한 형태를 갖춘 생물이 생존경쟁에서 이겨 결과적으로 다양화가 진행된 것이다. 이러한 관계가 형성되는 데 '시각의 획득'이 중요한 계기가 되었기에 빛 스위치 이론이라고 한다.

화석생물에 관한 연구가 계속 진행되면 새롭게 밝혀지는 사실도 있을 것이다. 지구 생물사에는 아직도 풀지 못한 수수께끼가 무수히 많다.

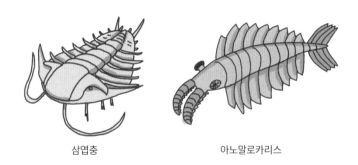

삼엽충   아노말로카리스

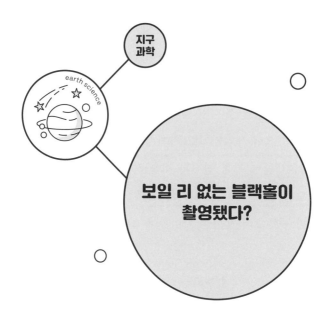

지구
과학

earth science

보일 리 없는 블랙홀이 촬영됐다?

우리의 실생활과 직접적인 관련은 없어도 광대한 우주에 관한 이야기는 항상 사람들의 관심을 이끈다. 특히 '블랙홀'은 아직도 많은 수수께끼를 안고 있는, 그 끝을 알 수 없는 존재로서 흥미진진한 화제가 아닐 수 없다.

중력이 강하고 빛마저 삼켜버린다는 블랙홀은 태양 무게(질량)의 20~30배가 넘는 무거운 항성이 종말기를 맞이해 '초신성 폭발'을 일으킬 때, 중심 부분이 중력으로 무너져 생긴다고 알려져 있다. 중력이 너무 강해 어떤 경계의 내측에서는 빛조차 나오지 않는 특이한 공간으로, 그 경계의 내측과 블랙홀 본체의 모습을 짐작하기란 불가능하다.

지금까지도 블랙홀의 존재 자체는 가까운 별의 움직임이

나 끌어당겨지는 물질이 내는 에너지 등에서 간접적으로 확인되었다. 그런 가운데 2019년 4월, 드디어 블랙홀을 사진에 담았다는 뉴스가 들려왔다. 눈에 보일 리 없는 블랙홀을 어떻게 촬영했을까.

하와이나 남미, 남극 등의 관측소에 설치한 8개의 전파망원경을 연동해 지구 규모의 초거대 전파망원경으로 기능하게 한 계획이 바로 '사건 지평선 망원경Event Horizon Telescope, EHT'이다. 블랙홀의 주변에 있는 빛이 나오지 않는 경계인 '사건 지평선'을 파악하기 위한 계획이다.

EHT는 지구에서 약 5500만 광년 떨어진 곳에 있는 거대한 타원 은하(메시에87)의 중심부를 향했다. 그곳에는 태양의 약 65억 배에 달하는 질량이 있는 초대질량 블랙홀supermassive black hole이 존재한다고 추정되었기 때문이다.

2017년 4월에 관측되고 2년에 걸쳐 데이터를 해석한 뒤, 드디어 2019년 4월에 블랙홀의 사진을 공개했다. 블랙홀 자체는 찍히지 않으므로 정확히 말하면 블랙홀 주변의 모습이지만 블랙홀과 사건 지평선의 그림자black hole shadow의 존재가 사진으로 증명된 것이다.

게다가 도넛 모양으로 보이는 빛은 블랙홀 근처에서 모든 방향으로 오가는 빛이 중력으로 구부려져 지구 쪽으로 보내진 것이다. 빛을 통하지 않는 무언가가 앞을 가려서 어두워진 것이 아니다. 어느 쪽에서 보아도 도넛 모양으로 된 빛의 고리, 즉 광환光環이 보인다. 실제로 사건 지평선의 크기는 블랙홀 섀도의 절반 정도라고 한다.

사실은 EHT를 사용해 우리 '은하계'의 중심에 있다고 여겨지는 블랙홀 '궁수자리 A*Sagittarius A*'도 관측된다. 궁수자리A*의 사진을 볼 수 있으려면 해석할 시간이 한참 더 필요하다.

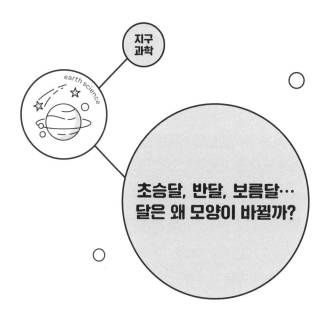

지구
과학

earth science

초승달, 반달, 보름달…
달은 왜 모양이 바뀔까?

    달이 왜 차고 기우는지, 그 원리는 중학교 때 학교에서 배웠지만 기억하고 있는 사람은 많지 않을 것이다. 쉽게 말해 달이 지구의 주위를 공전하고 있기 때문에 일어나는 현상인데, 교과서처럼 그림으로 나타내기만 해서는 잘 이해되지 않는다. 그럴 때는 실제로 체험해보아야 알기 쉽다.

    우선 손에 들 수 있는 둥근 모양의 물체를 준비한다. 공도 좋고 둥그스름한 감자도 괜찮다. 그다음에는 가능한 한 점광원點光源˙에 가까운 빛이 있는 장소를 찾는다. 태양광이 이상적인 점광원이지만, 한 방향에서 빛이 비추고 있는 실내 조명도 상관없다. 그리고 선 자세로 둥근 물체를 한손으로

˙ 크기와 형태가 없이 하나의 점으로 보이는 광원.

눈높이에서 정면으로 들어 올리고 바라보며 그 자세 그대로 천천히 반시계 방향으로 돌아보자.

자신의 눈이 지구상의 관찰자 시점이 되고, 손에 든 공 모양의 물체를 '달'이라고 상상해보자. 자신이 회전함에 따라 들고 있는 공 모양 물체의 빛에 비치는 부분의 형태가 차츰 변화할 것이다.

실제로 달은 약 1달에 걸쳐 지구를 공전한다. 광원인 태양을 향하고 있을 때, 공 모양 물체의 거의 전면이 그림자가 되므로 '삭朔', 빛이 닿는 끝이 보일 때는 '초승달(또는 신월)', 광원과 거의 직각이 될 때는 '반달', 자신의 얼굴 뒤로 광원이 있을 때는 공 모양 물체의 전면에 빛이 비치므로 '보름달'이 된다.

만약 광원도 눈높이에 둘 수 있다면 공이 광원을 전부 가리는 '일식'이나 자신의 머리 그림자로 인해 공에 빛이 비치지 않는 '월식'도 만들 수 있다.

달이 차고 기우는 모습을 더 정확하게 재현하고 싶다면 크기까지 맞춰 실험해보자. 사람의 머리 크기(성인의 머리 너비 평균은 약 16센티미터)를 지구라고 한다면 달 역할을 할 물체로는 탁구공이 적당하다. 탁구공을 4.8미터 떼어놓으면 실제 우주 공간에서의 지구와 달의 거리에 가까워진다. 분명히 생각했던 것보다 달이 작고 멀리 있다는 사실을 느낄 수 있을 것이다.

지구

과학

earth science

지구의 중심 온도는
어떻게 측정했을까?

"지구의 중심을 지나 구멍을 뚫으면 반대쪽에 있는 브라질까지 갈 수 있다"라는 말을 들어보았을 것이다. 하지만 실제로 인류가 뚫었던 가장 깊은 구멍은 지하 약 12킬로미터였다. 러시아가 국가 규모로 도전해서 사반세기라는 긴 세월에 걸쳐 뚫은 길이가 지구 반경의 0.2퍼센트에도 도달하지 못했다.

더 깊이 파지 못한 이유는 땅을 깊게 파 내려갈수록 압력이 증가해 굴삭 구멍을 지탱할 수 없는 데다 온도도 상승하므로 고온에 견딜 수 있는 굴삭기를 만들 수 없었기 때문이다. 여기서 한 가지 의문이 생긴다. 도달할 수 없다는 것은 그 누구도 직접 측정한 적이 없다는 뜻인데, 그럼 지구의 중심 온도가 약 5500도라는 사실은 어떻게 알아냈을까.

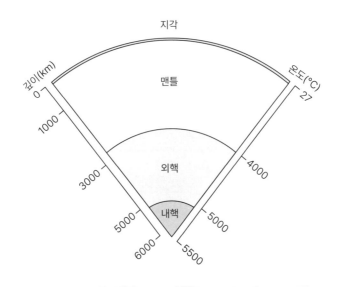

지각

맨틀

깊이(km)
0

1000

3000

5000

6000

외핵

내핵

온도(°C)
27

4000

5000

5500

지구 내부의 단면도. 실제로 온도를 측정할 수는 없다.

    지구의 무게(질량)는 다른 행성과의 궤도 관계나 달의 움직임, 자전 속도 등을 토대로 계산해서 추측할 수 있다. 지구의 지름과 부피는 인공위성으로 계측해 정확하게 알 수 있으므로 밀도와 중력도 파악할 수 있다. 그 수치를 근거로 중심 부분의 압력이 약 360만 기압이라는 사실도 밝혀냈다.

    그다음은 지진파가 전달되는 방법이다. 지구의 어딘가에서 대지진이 일어나면 지진파는 지표면뿐 아니라 지구 내부를 통해 먼 곳까지 전달된다. 지진파는 딱딱한 곳에서는 빠르게, 부드러운 곳에서는 천천히 전달되는 성질이 있다. 또한 경계 면에서 반사되기도 하고 딱딱한 정도에 차이가 있으면 굴절되기도 한다.

그러한 지진파가 어떻게 전달되는지를 상세하게 조사하면 지구 내부의 구조도 알 수 있다. 게다가 실험실에서 고온, 고압의 상태를 만들고 지구의 암석이나 화산에서 분출되는 마그마(용암)의 성분에 의해 암석이 어떠한 상태가 되는지 조사하여 지구의 내부를 추측할 수 있다.

실험에서 밝혀낸 사실을 정리하면, 지구 중심에서 반경 약 1300킬로미터까지의 중심 부분에 있는 '내핵'은 세부 구조까지 상세하게 판명하지는 못했지만, 성분이 철과 니켈이며 온도는 5000~6000도가 된다. 만약 지상에서 이 조건을 만들어냈다면 금속이 녹아서 액체가 되기는커녕 증발해버리지만, 지구 중심의 압력이 무시무시하기 때문에 고체가 되었다고 알려져 있다.

상상도 할 수 없는 세계지만 최근에 지구 중심의 환경을 실험실에서 재현하는 데 성공했다. 앞으로도 서서히 많은 사실을 밝혀낼 수 있을 것이다.

지구의 북반구에서는 북극성만 찾으면 '북쪽' 방향을 알수 있다. 나침반이 가리키는 북쪽은 지구 자전축의 북쪽이아니라 지구 내부에서 생기는 자력 N극인 '북자극magnetic north'을 가리키므로 장소에 따라서는 차이가 발생할 수 있다. 이 자기磁気의 각도 차이를 자기 편극이라고 하며 삿포로에서는 9도 정도, 그리고 도쿄에서는 7도 정도가 진짜 북쪽방향에서 빗나가 있다. 게다가 지구의 자극磁極은 매년 조금씩 이동한다.

밤중에 하늘이 맑아서 북쪽 하늘이 보인다면 북극성을찾아내는 것이 나침반보다 훨씬 정확하다. 이 방법으로 찾으려면 국자 모양을 한 '북두칠성(큰곰자리의 일부)'이나 W 모양의 '카시오페이아자리'가 어떤 형태를 이루고 있는지 분간할 수 있게 미리 알아두면 좋다. 이 별들은 북극성을 끼고 거의 정반대에 위치한다. 둘 중 어느 한쪽이 지평선 아래나 산에 감춰져 보이지 않더라도 또 다른 한쪽은 보인다. 별이 나열된 모습을 보고 북극성을 찾아보자.

북극성은 별의 밝기를 표시하는 '등급'으로 말하자면 약 2등급(2등성)으로 약간 어두운 편이다. 북두칠성을 이루고 있는 7개의 별 등급은 약 1.8등급에서 약 3.9등급이며, 카시오페이아자리를 구성하는 별 5개도 약 2등급에서 약 3등급으로 그다지 밝지는 않다. 어느 계절이나 북쪽 하늘에는 밝은 별이 보이지 않는다.

때에 따라서는 별이 너무 많이 보여 별자리가 구분되지 않을 정도의 별하늘을 만날지도 모른다. 그럴 때는 한쪽 눈을 감고 시야를 좁혀보면 도움이 될 것이다.

밝은 별은 계절과 시간대에 따라서도 다르지만 주로 동쪽에서 남쪽과 서쪽 밤하늘의 낮은 곳, 혹은 머리 위 맨 꼭대기에서 빛난다. 밝은 태양계 행성(금성, 화성, 목성, 토성 등)도 동쪽이나 남쪽, 서쪽 밤하늘에 위치한다. 아주 밝은 별이 시야에 들어오지 않는 별하늘, 즉 북쪽 방향에서 북두칠성이나 카시오페이아자리의 특징적인 별 배열 모습을 찾아보자. 그렇게 하면 북극성도 금세 찾을 수 있다.

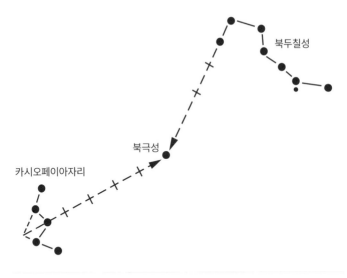

북두칠성이나 카시오페이아자리를 알아두면 북극성의 위치를 찾을 수 있다.

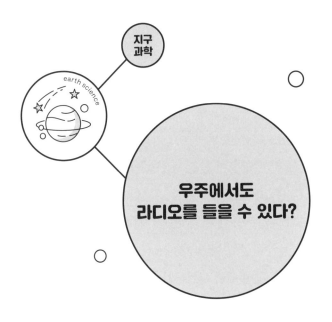

지구
과학

earth science

우주에서도
라디오를 들을 수 있다?

　우주에서의 생활이라고 하면 국제우주정거장International Space Station, ISS이 떠오른다. 지금까지 여러 명의 우주 비행사가 탑승해 혹독한 미션을 수행했다. 그 ISS에서 우주 비행사들은 하루를 마감할 때 라디오를 듣거나 텔레비전을 보면서 느긋이 쉴 수 있을까.

　ISS에서는 최대한 지상에서와 똑같이 생활하고 있다. 장소가 제한되어 교대제긴 하지만 하루 3번의 식사와 옷차림 준비에 약 4시간, 일이라고 할 수 있는 작업에 8시간 반, 무중력 공간에서 체력 저하를 방지하기 위한 체력 훈련에 2시간 반, 자유 시간 1시간, 그리고 수면 8시간, 이렇게 하루 24시간을 보낸다. 자유 시간에는 책을 읽거나 음악을 듣거나 여러 가지를 할 수 있다고 한다. 시간상으로는 라디오나 텔레비전을 즐길 여유가 있다.

그렇다면 과연 방송 전파는 도달할 것인가. 라디오와 텔레비전 전파는 파장으로 구분되어 파장이 긴 '장파 라디오', 파장이 비교적 긴 중파인 'AM 라디오', 파장이 짧은 '단파 라디오', 그리고 파장이 짧은 초단파인 'FM 라디오'와 '디지털 텔레비전 방송'이 있다.

하지만 지구의 대기 외측에는 '전리층電離層'이라고 불리는 전파를 반사하는 층이 있기 때문에 장파에서 단파까지의 방송 전파는 전리층에서 튕겨나가 우주에는 도달하지 않는다.

오직 초단파만이 전리층을 통과할 수 있으므로 FM 라디오나 디지털 텔레비전 방송이라면 ISS에서도 수신이 가능하다. 다만 초단파에는 직진성이 높다는 특징이 있다. 따라서 도중에 방해하는 것이 있으면 도달하지 못하게 된다. 각 가옥 등에 있는 텔레비전 수신 안테나가 전파 송신탑의 방향을 정확하게 향하고 있어야 한다. 약 90분 동안 지구를 1바퀴 도는 ISS에서 지상의 전파 송신탑 쪽으로 안테나를 계속 향하고 있기란 불가능하다.

게다가 ISS 궤도상 수신 가능 지역의 상공을 통과할 기회는 한정되어 있는 만큼 ISS에서 지상의 라디오를 듣거나 텔레비전을 보기는 어려울 듯하다. 한편 ISS와의 무선통신은 지구의 각처에 있는 중계 기지의 파라볼라안테나를 이용해 항상 ISS를 추적해 움직임으로써 실현하고 있다. 그 회선을 사용하면 라디오나 텔레비전 생중계도 가능하다.

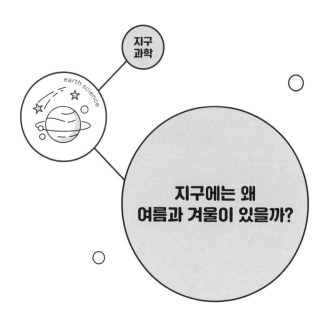

지구
과학

earth science

지구에는 왜
여름과 겨울이 있을까?

혹시 여름이 더운 까닭은 태양에 가깝기 때문이고 겨울이 추운 것은 태양이 멀리 있기 때문이라고 생각하고 있지는 않는가. 지구는 태양의 주위를 1년에 걸쳐 공전하기 때문에 태양과의 거리에 따라 계절이 바뀌는 거라고 잘못 생각하기 쉽다.

1년 중에서 더운 시기를 '여름', 추운 시기를 '겨울'이라고 한다면 북반구의 달력에서는 6월에서 8월까지가 여름이고 12월에서 2월까지가 겨울이다. 반면에 지구의 남반구에 있는 오스트레일리아의 애들레이드Adelaide시는 12월에서 2월까지가 여름이고 6월에서 8월까지 겨울이다.

참고로 일본 도쿄시가 북위 약 36도, 동경 약 140도이

며, 한국 서울시가 북위 약 37도, 동경 약 126도인 반면 오스
트레일리아 애들레이드시는 남위 약 35도, 동경 약 139도다.
지구본이나 세계지도를 펼쳐놓고 도쿄시나 서울시에서 남쪽
으로 계속 가면 대략 애들레이드시 부근에 도달한다.

　북반구와 남반구에서는 계절이 정반대다. 우리가 여름
채소를 겨울에 먹을 수 있는 것도 계절이 반대인 남반구 국
가들과 농산물의 수출입이 활발하게 이루어지는 덕분이다.
태양과 지구의 거리가 사계절과 관계없다는 사실을 여기서
도 알 수 있다.

　지구에 사계절이 있는 것은 시기에 따라 천공의 태양이
지나는 길이 다르기 때문이다. 이는 지구의 지축(자전축)이 지

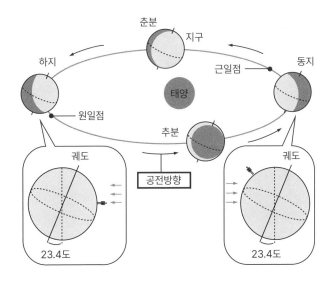

지구와 태양의 거리가 아니라 지축의 경사가 사계절에 영향을 미친다.

구의 공전 면에 대해 약 23.4도 기울어져 있는 데서 기인한다. 지구가 태양을 공전할 때, 태양이 비추는 북반구 쪽이 여름이 되고 그와 반대인 남반구 쪽이 겨울이 된다. 반년이 지나면 이번에는 태양이 비추는 남반구 쪽이 여름이 된다.

지구의 지축이 왜 기울어져 있는지는 명확히 밝혀지지 않았지만 지구가 탄생한 직후에 달을 위성으로 갖게 된 큰 사건과 관련이 있다는 설이 있다. 만약 지축이 기울어져 있지 않다면 적도 부근은 태양이 작열하는 더위 지옥이 되고 북극과 남극은 극도로 추운 지역이 되었을 거라고 한다. 대기의 순환도 단조롭고 항상 세찬 바람이 불어 인류는커녕 생물이 생존할 수 있는 곳은 극과 적도 사이의 좁은 범위로 제한되었을 것이다. 달이 없었다면 생명도 태어나지 못했을 것이라고도 한다.

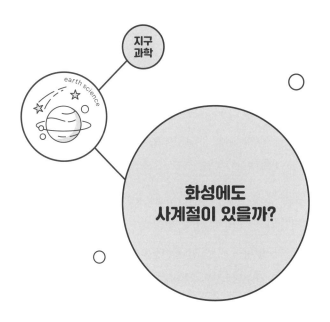

지구
과학

earth science

화성에도
사계절이 있을까?

밤하늘에 신비롭고 붉게 빛나는 '화성'은 태양계에 속하는 행성으로 지구의 바깥쪽을 돌고 있다. 미래에 인류가 이주할 수 있는 가능성이 커서 이를 소재로 한 소설과 만화, 애니메이션, 영화가 수없이 만들어지고 있다. 그렇다면 실제로 화성은 어떤 곳일까?

지구와 비교하면 화성의 크기(지름)는 절반 정도고, 무게(질량)는 약 10분의 1밖에 되지 않으며 표면에서의 중력은 3분의 1 정도다. 자전주기는 24시간 37분으로 지구와 거의 같지만, 공전주기는 약 687일이나 된다. 게다가 공전면에 대해 자전축(화성의 지축)은 약 25.19도 기울어져 있다.

인류의 이주 가능성을 생각할 때 가장 큰 문제는 대기가 굉장히 희박하고 그 대부분이 이산화탄소라는 점이다. 미국 항공우주국NASA 등에 의한 과학 탐사 결과, 옛날에는 화성의 표면도 물로 뒤덮여 있었다는 증거가 잇달아 발견되었지만, 생명이 존재했는지는 아직도 확실히 밝혀내지 못했다.

화성도 자전축이 기울어져 있기 때문에 지구처럼 사계절이 있다. 자전축의 경사 각도가 지구보다 2도 정도 큰 데다 지구의 공전궤도가 거의 '원'인 데 반해 화성의 경우 '타원'이므로 태양과의 거리 차이도 더 크다.

이러한 상황에서 보면 한 계절이 지구 시간으로 반년간 지속되지만 화성에서는 사계절이 매우 극적으로 변화한다. 화성의 겨울은 대기 전체의 25퍼센트인 이산화탄소가 극 지역에 꽁꽁 얼어붙어 두께가 몇 미터나 되는 드라이아이스 상태로 넓게 뒤덮는다. 봄이 되어 햇볕이 비추면 드라이아이스는 승화해 대량의 이산화탄소로 바뀌고 시속 400킬로미터의 거센 폭풍이 불어닥친다.

더구나 대폭풍이 계기가 되어 때로는 2~3개월간 화성을 뒤덮는 모래 폭풍이 발생하기도 한다. 화성 표면에 안착한 탐사기가 거센 모래 폭풍의 영향으로 태양전지의 성능이 저하되어 작동하지 못했을 정도다. 화성에도 분명히 사계절은 있다. 하지만 우리가 알고 있는 사계로 생각해서는 안 될 일이다.

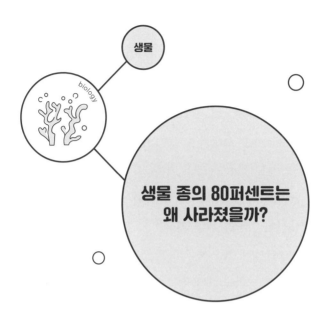

생물

biology

생물 종의 80퍼센트는
왜 사라졌을까?

지구가 탄생한 지 약 46억 년이 되었고 지구상에 태어난 생명은 지금까지 5차례 정도 멸종 위기에 처했다. 전체 생물의 종 수 가운데 약 80퍼센트가 멸종했으며 개체 수는 더욱 감소하던 시기가 있었다.

지질학적으로 '최근'에 일어난 일은 공룡이 멸종한 사건이다. 범인은 멕시코의 유카탄반도에 충돌한, 지름 10~15킬로미터의 운석(소행성)으로 추측된다. 충돌에 따른 충격파로 대량의 먼지가 대기를 휩쓸어 태양광을 차단하는 바람에 지구 전체 기온이 10도나 저하되었다. 육지의 평균기온이 15도나 떨어지고 동시에 비가 극히 적어진 탓에 식물이 말라죽으면서 초식동물도 감소했고, 그 영향으로 육식동물 역시 줄어

들어 결과적으로 생물종의 70~80퍼센트가 절멸했다.

나머지 4번 중에서 3번은 대규모 화산활동이 원인으로 알려져 있다. 대량의 화산재가 대기 중에 퍼져 태양광을 차단하면서 급격한 기후변동(주로 저온화)을 일으켜 수많은 생물종이 멸종하고 개체 수도 급격히 감소한 것이다.

그 밖에도 우주 규모의 변동, 이를테면 비교적 가까이에 있는 별이 수명을 다해 초신성 폭발이 일어날 때 방사된 우주 방사선이 지구를 달구었다거나 광합성 생물이 탄생해 그 이전의 생물에게 독으로 작용하는 산소 증가(172쪽 참조) 또는 기후의 한랭화로 바닷속 산소 감소 등 여러 요인을 꼽을 수 있다.

생물종의 약 80퍼센트가 절멸하면 그때까지 수많은 생물이 차지하고 있던 자리가 텅 비게 되고 살아남은 생물들에게는 진화의 거센 파도가 밀려들기도 한다.

사실 지금도 생물의 대량 멸종이 일어나고 있다고 한다. 인류가 지구를 정복한 지 수백 년, 지구과학적인 시간 규모보다 단기간에 수많은 생물종이 사라졌다. 앞으로 100년 사이에 지구의 생물종 가운데 절반 정도가 사라질 것으로 예측하는 학자도 있다. 지구의 6번째 대량 절멸을 일으키는 범인은 '생태계와 환경을 파괴한 인류'라고 후세에서 말하게 될지도 모르겠다.

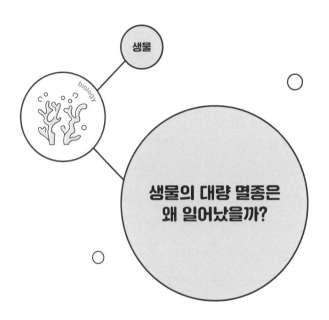

생물

biology

생물의 대량 멸종은
왜 일어났을까?

　생물의 대량 멸종은 지금까지 몇 차례나 일어났는데 주요 원인은 대규모 화산활동과 운석(소행성)의 낙하라고 알려져 있다. 대기 중을 떠다니는 모래 먼지가 태양광을 차단해 지표면 온도가 내려가면서 수많은 생물이 죽은 것이다. 이는 앞에서 설명한 대로다.

　하지만 지구사상 최초로 발생한 대량 멸종은 약간 사정이 다르다. '절멸'이라기보다 어떤 생물이 다른 생물의 대부분을 죽음으로 몰아넣은 일방적인 '학살'이었다.

　이야기는 지금으로부터 약 27억 년 전으로 거슬러 올라간다. 지구상에서 생명이 탄생한 것은 약 38억 년 전이라고 알려져 있으므로 그로부터 10억 년쯤 지났을 때다. 태초의 생명도 세포 형태를 띠었으며 현재의 세균처럼 다양화가 진행되었다. 그때 광합성을 하는 생물이 탄생했다. 원시적 식물이라고 할 수 있는 남세균(시아노박테리아cyanobacteria)이다. 광합성으로는 이산화탄소가 사용되고 산소가 방출된다.

이 무렵 지구는 첫 번째 눈덩이 지구가 녹고 다시 움직이기 시작해 대기 중에는 이산화탄소가 많았다. 이산화탄소의 온실효과로 기온이 섭씨 60도를 넘으면서 기상에 큰 변화가 일어났고, 폭우가 계속되자 육지가 깎여나가고 바다에 인산 등의 영양염류가 흘러들었다.

남세균은 그 인산을 영양소 삼아 폭발적으로 증식하며 왕성하게 광합성을 했다. 그 결과 그때까지의 생물에게 맹독성을 발휘하는 산소가 대량으로 방출되었다.

이 '산소 대폭발 사건Great Oxidation Event'에 영향을 받아 지구의 환경은 크게 달라졌다. 바닷속에서 안온하게 살아오던 이전의 생물은 산소 때문에 죽음을 맞이했고, 살아남은 몇몇 생물은 심해와 해저의 진흙 속으로 쫓겨갔다. 한편, 대기 중에 방출된 산소는 태양이 내뿜는 자외선을 가로막는 오존층이 되어 생물이 육상으로 활동 영역을 옮기는 것을 도왔다.

게다가 산소의 양이 증가하면 산소를 호흡하는 생물도 늘어난다. 산소를 흡수하여 효율적으로 에너지를 만들 수 있게 되자 세포 속에 명확한 핵이 없는 세균 등 원핵생물뿐이던 생물계에 핵이나 세포 기관을 갖고 있는 '진핵생물'이 생겨났다. 진핵생물은 균류, 원생생물, 식물, 동물 등 생물 대부분의 선조다. 그리고 얼마 지나지 않아 진핵생물이 진화해 '다세포생물'도 탄생했다.

남세균이 저지른 일은 생태계의 파괴와 학대이기는 하지만, 시점을 바꾸어보면 현재의 생물로 이어지는 지구 환경의 대대적 정비를 단행했다고도 볼 수 있다.

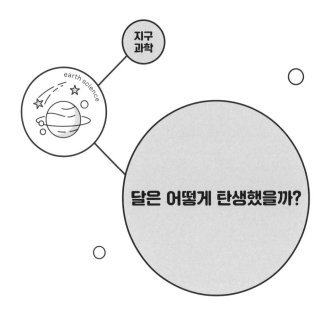

지구
과학

earth science

달은 어떻게 탄생했을까?

　고대 시대부터 사랑받아온 지구의 위성 '달'은 언제 어떻게 생겨났을까? 달의 기원에 관해서는 지금까지 다양한 설이 주장되었다. 지구 가까이 다가온 소행성을 지구의 중력이 붙잡아서 위성으로 삼았다는 '포획설', 지구의 탄생과 동시에 성간가스에서 소행성이 생겨나 그대로 위성이 되었다는 '쌍둥이설(형제설)', 지구가 탄생한 직후에 질척하게 녹아 있던 상태에서 일부가 갈라져 달이 되었다는 '분리설(부모자식설)'이다. 다만 이 세 가지 설 모두 달의 탄생을 확실히 증명하지는 못하고 있다. 그런 가운데 1975년에 '거대 충돌설giant impact theory'이라는 새로운 가설이 등장했다. 거대 충돌설은 달의 탄생을 다음과 같은 과정으로 설명한다.

① 지구가 탄생한 지 1억 년 정도 지났을 때 현재의 화성만 한 크기의 소행성(원시행성)이 지구에 천천히 부딪힌다.

② 충격으로 소행성이 파괴되고 지구의 맨틀이 떨어져 나가 우주를 떠돈다.

③ 소행성과 지구 맨틀의 파편은 고리처럼 지구의 주위를 떠돌다가 마침내 서로 엉겨 붙어 한 덩어리의 구체로 형성되고 차게 식어 달이 되었다.

④ 당초에는 지구 가까이에서 돌았지만 바닷물의 조석˚을 일으키는 기조력이 이를 저지하자 서서히 지구에서 멀어지다가 현재의 위성 궤도에 자리를 잡았다.

거대 충돌설은 수많은 과학자가 인정하고 컴퓨터 시뮬레이션으로 검증도 진행되었다. 하지만 아폴로 계획˚˚ 때 달에서 가지고 돌아온 돌을 자세하게 분석하자 이전 이론과 모순된 결과가 나왔다.

그런데 2019년 5월, 일본해양연구개발기구JAMSTEC, 고베대학교, 이화학연구소가 공동 연구를 통해 지구 탄생 직후의 '마그마 오션magma ocean(지구의 표면이 열로 녹은 마그마로 뒤덮인

˚   달이나 태양 따위의 인력에 의하여 해면이 주기적으로 높아졌다 낮아졌다 하는 현상.
˚˚ 1969년 미국이 우주 비행사를 달에 착륙시켰던 계획.

달의 기원에 관해서는 몇 가지 이론이 있다.

시기)' 때 거대 충돌이 일어났다면 모순은 말끔히 해결된다는 새로운 이론을 발표했다. 이 내용은 이화학연구소의 슈퍼컴퓨터 케이京˚를 사용한 최신 시뮬레이션에서도 확인되었다.

˚ 2011년 6월 세계 슈퍼컴퓨터 순위 'Top 500'에서 1위를 차지했다.

earth science

금성의 자전 방향은
왜 반대일까?

우주의 수수께끼라고 하면 블랙홀이나 암흑 물질dark matter* 이 주로 언급된다. 하지만 '샛별**' 또는 '태백성***'으로 불리며 지구에서 잘 보이는 이웃 행성 '금성'에도 아직 밝혀지지 않은 의문이 많다.

태양계 제2의 행성인 '금성'은 지구의 바로 안쪽을 공전하며, 태양계에서는 지구의 자매별이라고 할 수 있는 존재이자 지구에서 가장 가까운 행성이다. 크기(지름)는 지구의 약 95퍼센트, 질량은 지구의 약 82퍼센트로 지구와 비슷하다.

* 우주에 존재하는 물질의 27퍼센트를 차지하고 있으나 빛을 내지 않아 보이지도 않고 관측할 수도 없는 물질.

** 동쪽 하늘에 보이는 금성.

*** 해가 진 후 서쪽 하늘에 보이는 금성.

내부의 다층 구조도 지구와 유사해 철과 니켈의 핵, 암석질의 맨틀, 그 위에 지각이 있다.

하지만 대기와 표면의 모습은 지구와 상당히 다르다. 금성의 대기는 대부분 이산화탄소로 이루어져 있다. 금성 표면의 기압은 90기압이나 되며, 더구나 하늘에는 높이 45~70킬로미터에 걸쳐 두터운 농황산˙의 구름층이 형성되어 있다. 탐사기가 금성에 가까이 다가가도 우주에서는 금성의 표면이 전혀 보이지 않는다. 당연히 금성의 표면에는 태양광이 닿지 않아 어둡다. 게다가 이산화탄소의 온실효과 탓에 금성의 표면 온도는 460도나 된다.

무엇보다도 가장 큰 수수께끼는 자전 방향이 다른 행성과 반대 방향이며 지극히 느리다는 사실이다. 금성의 1년은 지구 시간으로 약 225일(공전주기)인데, 금성의 하루는 지구 시간으로 약 243일(자전주기)이다.

금성의 자전 방향과 주기는 '과거에 거대한 운성(소행성)이 금성에 충돌하여 자전축을 반전시키면서 자전 속도마저 감속시켰다'라는 설이 있다. 하지만 현재는 이에 대한 증거를 전혀 찾을 수 없다.

그 밖에도 금성에서는 대기의 상층에서 항상 초속 100미터의 강풍이 금성을 100시간에 1바퀴 도는 '슈퍼로테이션 super rotation' 현상도 발생하고 있다. 자전이 극히 느린데도

˙ 농도가 90퍼센트 이상인 황산.

금성의 구름은 자전과 같은 방향으로 약 60배나 되는 속도로 움직이고 있다. 이 슈퍼로테이션의 요인도 아직 확실히 밝혀지지 않았다.

금성을 둘러싼 환경은 생명체가 탄생하기 이전의 원시 지구와 비슷하다고도 한다. 그렇지만 현재 금성의 환경에서 생명체가 존재하는지는 천문학 전문가들 사이에서도 부정적 견해가 많다. 지구와 가장 가까운 금성이 생명체가 살지 않는 상태라는 사실을 생각하면, 수많은 우연이 겹쳐 이렇게 생명체가 번성할 수 있는 좋은 환경을 이룬 지구는 얼마나 행운인가.

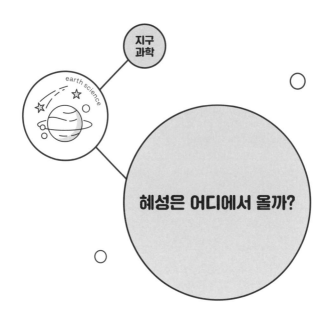

지구
과학

earth science

혜성은 어디에서 올까?

'혜성'은 몇 년에 한 번씩 신문이나 텔레비전에서 떠들썩하게 다뤄지곤 한다. 천문에 관심이 많은 사람은 육안으로도 보일 만큼 밝고 큰 혜성이 나타나지 않을까 마음속으로 늘 기대한다. 그렇다면 '꼬리별'이라고도 불리는 혜성은 도대체 어디서 오는 것일까.

혜성은 태양계의 소천체 중 하나로, 태양의 둘레를 돌고 있으며 공전주기가 200년 미만인 '단주기 혜성'과 200년 이상인 '장주기 혜성'으로 나눌 수 있다. 유명한 핼리혜성˚은 약 76년 주기로 태양의 둘레를 도는 단주기 혜성으로, 태양

˚　영국의 천문학자 에드먼드 핼리Edmond Halley가 처음으로 그 궤도와 궤도주기를 계산한 데서 그의 이름을 붙였다.

에 가장 가까이 다가갈 때는 금성의 궤도 안쪽을, 태양에서 멀어질 때는 해왕성의 궤도 바깥쪽을 지난다. 태양계의 행성 궤도를 종단해서 지나는 것이다.

단주기 혜성은 태양계의 바깥쪽 가장자리에 있는 에지워스 카이퍼 벨트Edgeworth-Kuiper belt●에서 오는 것으로 알려져 있다. 이곳은 태양계의 가장 먼 행성인 해왕성보다도 바깥쪽으로 펼쳐진 도넛 모양의 영역으로 궤도가 비교적 안정되어 있다. 2006년에 행성에서 준행성으로 격하된 명왕성도 에지워스 카이퍼 벨트에 위치한다.

한편 장주기 혜성은 태양계의 한층 더 바깥쪽, 지각 형태로 얇고 넓게 펼쳐진 '오르트 구름Oort cloud●●'에서 오는 것으로 추측된다. 이렇게까지 거리가 멀면 태양이 미치는 중력의 힘이 약해 천체 궤도도 불안정하다. 무언가 계기가 생겨 궤도에서 튕겨 나오면 태양의 중력에 이끌려 태양계 안쪽으로 '떨어져' 나오기 때문이다.

그리고 한차례 태양에 가까이 다가가지만, 그대로 태양계를 빠져나가는 '비주기 혜성'도 장주기 혜성에 포함된다. 이 비주기 혜성은 설령 장주기 혜성의 궤도에 있었다고 해도 그 주기가 몇천 년에서 몇만 년이나 되기 때문에 다시 한번

●　발견자인 아일랜드 천문학자 에지워스와 1951년 미국의 천문학자 카이퍼의 이름을 따서 '에지워스 카이퍼 벨트' 또는 '카이퍼 벨트'라고 명명되었다.
●●　먼지와 얼음이 태양계 가장 바깥쪽에서 둥근 띠 모양으로 결집되어 있는 거대한 근원지.

태양 가까이 돌아올지는 확인할 수 없다.

밤하늘에 빛 꼬리를 끄는 혜성을 아름다운 이미지로 떠올릴지도 모르지만, 혜성 본체는 주로 더러워진 눈사람에 비유된다. 태양에 다가가면 본체에서 수증기와 메탄 등 휘발물질과 먼지가 분출되는데, 그 분출된 물질들이 태양광의 에너지를 받아 빛나 보이는 것이 바로 '꼬리'다. 단주기 혜성은 주기와 궤도가 일정하기 때문에, 그다음 번에 지구에서 볼 수 있는 시기와 밝기도 정확히 예측할 수 있다. 하지만 지금까지 수차례나 햇빛을 받아 휘발 물질을 다 날려 보낸 혜성도 많아 화려하지 않다.

따라서 혜성 본체에 휘발 물질이 충분히 남아 있는 장주기 혜성이 더 밝게 보인다. 특히 오르트 구름에서 출발해 처음 태양으로 다가가는 비주기 혜성은 대혜성이 되기 쉽지만 단언하기는 어렵다. 대혜성이 될 거라고 기대를 받았지만 태양에 너무 가까이 다가가는 바람에 분해되고 만 혜성도 있으니 말이다.

오르트 구름이라는 소천체군에서
장주기 혜성이 온다고 알려져 있다.

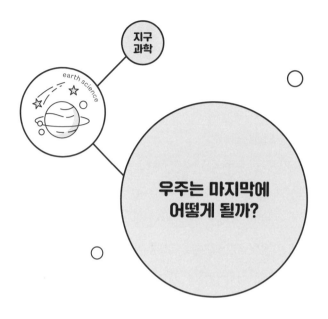

지구
과학

earth science

우주는 마지막에
어떻게 될까?

지금부터 약 138억 년 전에 일어난 우주의 대폭발, 빅뱅 Big Bang에 의해 하나의 점에서 시작된 우주가 팽창을 계속해 왔다는 이론이 '빅뱅 우주론'이다. 수많은 과학자가 지지하 는 학설이기도 하다. 그렇다면 우주는 어떻게 종말을 맞이할 까?

우주의 종말에 관해서는 지금까지 다양한 설이 제기됐 는데, 그 가운데 우주에는 시작도 끝도 없다는 '정상우주론 steady-state cosmology'은 일찌감치 신뢰성을 잃었다. 또한 팽창 을 계속하는 우주도 언젠가는 다시 수축하기 시작해 마치 빅 뱅에서 지금에 이르기까지의 우주를 거꾸로 되돌리듯 '빅크 런치Big Crunch'를 맞이해 하나의 점으로 돌아간다는 주장도 있었지만, 이는 현재의 우주 관측 상황과 맞지 않아 인정받지 못했다.

현재 가장 유력시되고 있는 이론은 우주가 이대로 팽창을 계속한다는 견해다. 다만 팽창 속도에 따라 두 가지 종말을 추정하고 있다.

한 가지는 우주의 열역학적 종말인 '열 죽음heat death'으로, 완만한 팽창이 계속되고 우주가 조용히 식어간다는 이론이다. 100조 년 후에는 모든 항성이 다 타 없어지고 1000조 년 후에는 은하의 대부분을 그 중심에 있는 블랙홀이 삼켜버리며, 더 오랜 시간이 지나 우주가 식어서 블랙홀도 증발해 사라지고 까마득히 먼 미래에는 아무것도 없는 공간만이 펼쳐진다는 이론이다.

또 한 가지는 '분열된다'는 의미의 립rip이라는 단어가 붙은 '빅립Big Rip' 이론이다. 우주의 팽창 속도가 현재보다 훨씬 가속되어 우주의 구조를 유지하고 있는 중력이 서로 끌어당기는 '힘'을 잃고 더 이상 감당하지 못한다는 주장이다. 언제 찾아올지 모르지만 우주 종말의 약 6000만 년 전에는 은하계와 그 밖의 은하 구조를 지탱할 수 없게 되고 종말이 다가오기 약 3개월 전에는 태양계의 행성도 제각각 흩어질 것이다. 그리고 마지막 1초 전에는 분자와 원자까지 분해된다고 한다.

열 죽음과 빅립 중 어느 쪽이 맞을지는 현 단계에서는

확실치 않다. 하지만 2018년 일본의 스바루 망원경Subaru telescope 으로 약 1000만 개의 은하를 정밀하게 관측해 우주의 팽창 속도를 조사한 결과, 우주는 지금 이 상태로 1400억 년 정도는 더 존재할 것으로 밝혀졌다.

어떠한 결말을 맞이하든 태양의 수명은 100억 년 정도다. 태양이 탄생한 지 약 46억 년이 지났으니 앞으로 수십 억 년이 지난 후에는 지구상의 생명이 모두 사라질 운명이다.

＊   미국 하와이 마우나케아 정상에 있는 일본 국립 천문대에 설치된 세계 최대 규모의 대형 광학 적외선 망원경.

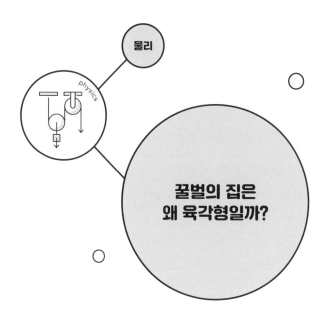

물리

physics

꿀벌의 집은
왜 육각형일까?

꿀벌의 벌집을 보면서 왜 정육각형의 구멍이 가지런히 줄지어 있는지 궁금하지 않았는가. 이는 그야말로 '자연의 섭리'기 때문이다. 꿀벌 집 외에도 자연계에서는 육각형이 늘어선 구조를 자주 볼 수 있다.

가령 눈의 형태나 수정의 결정 단면도 육각형이다. 이들은 물질을 만드는 분자가 특정한 각도에서 서로 끌어당기는 성질을 갖고 있어 육각형으로 나란히 커졌기 때문이다.

또한 다른 요인으로 육각형이 나타나기도 한다. 지하에서 솟아오른 마그마가 시간이 지나면서 식어 굳어질 때 '주상절리'라는 육각기둥 모양의 바윗덩어리가 생긴다. 이는 날씨와도 관련이 있어 상층의 구름이 증발해서 옅어질 때 '벌집 구름Lacunosus'이라는 육각형 구멍이 생기기도 한다. 주변에서 볼 수 있는 현상으로는 된장국이 식을 때 그릇 속 국물의 표면에 드러나는 육각형 모양의 무늬를 들 수 있다. 이는 열과 대류對流 가 만나 발생하는 '버나드 셀Bénard cells ° °'이 보이는 형태로 나타난 것이다.

지금까지는 자연계에서 볼 수 있는 육각형을 소개했는데, 벌집에는 열도 분자의 배열도 아무 관계가 없다. 벌집은 수학적 이유로 육각형이 되었다. 벌도 처음부터 육각형의 벌집 구멍을 만들려고 한 것은 아니다.

최소한의 재료로 많은 원통을 만들려고 하면 단면은 자연히 육각형이 된다. 빨대 같은 원통형 물체를 다발로 묶어서 구멍 쪽에서 보면 육각형의 통을 묶은 벌집처럼 보인다. 둥지라는 한정된 공간에서 더욱 많은 유충을 기를 수 있는 원통형 방을 여러 개 만들고자 할 때 방을 가장 많이 만들 수 있는 모양이 바로 육각형이다.

여담이지만, 벌꿀 모으기나 꽃가루받이를 위해 사육하는 꿀벌의 인공 벌집은 벌이 지내기에 편하도록 처음부터 육각형 모양으로 만든다.

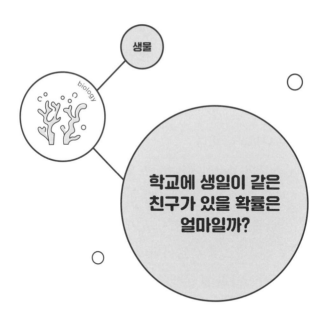

생물

biology

학교에 생일이 같은
친구가 있을 확률은
얼마일까?

학교에서 많은 동급생 중에 자신과 생일이 같은 친구가 있는지 찾아본 적이 있는가. 동급생으로 생일이 같다는 것은 태어난 달과 날짜가 같다는 뜻이다. 1년은 365일이므로 자신과 생일이 같은 사람은 365분의 1밖에 없으므로 한 반에 40명인 학급에서 찾기는 어려울 것이다. 한 학년에 9개 학급(학생 수 약 360명)이 있을 경우 그 가운데 생일이 같은 사람은 겨우 한 명 있을까 말까 할 것이라고 생각할지도 모른다. 정말로 그럴까.

먼저 생일이 다를 확률을 계산해보자. 학생 수가 2명밖에 없다면 첫 번째 학생과 두 번째 학생의 생일이 다를 확률은 '365분의 364(365-1)'로 약 99.7퍼센트다. 학생 수가 3명인 경우는 '365분의 363(365-2)'의 확률을 학생 수 2명일 때의 확률과 곱해 99.2퍼센트다. 학생 수가 4명인 경우는 '365분의 362(365-3)'의 확률을 학생 수 4명일 때의 확률과 곱해 98.4퍼센트다. 이런 식으로 한 학급 40명까지 확대하면 '365분의 326(365-39)'의 확률인 약 89퍼센트를, 39명까지의 확률에 곱한다. 99퍼센트에서 89퍼센트까지의 숫자를 40회 곱하므로 마지막에는 약 10.9퍼센트가 된다. 이 수치가 학급 전원의 생일이 다를 확률이다.

그리고 알고자 하는 것은 생일이 같을 확률이므로 생일이 다를 확률인 10.9퍼센트를 1에서 뺀다. 결과는 약 89.1퍼센트. 당연하다고까지는 말할 수 없지만 생일이 같은 학생이 없는 것이 오히려 이상할 정도로 높은 확률이다.

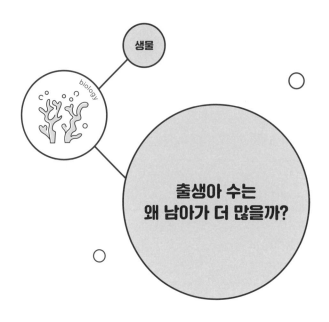

생물

biology

출생아 수는
왜 남아가 더 많을까?

남성이 여성보다 더 많이 태어난다. 세계적으로 출생 성비는 여아 100명 대비 남아 103~107명으로 안정되어 있으며 인종이나 지역, 사회제도와 상관없이 비슷한 상황이다.

생물계에서는 영국의 통계학자 로널드 D. 피셔Ronald D. Fisher가 주장한 바와 같이 성비는 대략 1 대 1이어야 자손을 남길 수 있다는 '피셔의 성비 이론'을 성립시켰다. 이 이론을 토대로, 남성이 여성보다 많이 태어나는 이유는 여성보다 남성의 사망 확률이 높기 때문이라고 설명할 수도 있다. 확실히 보편적으로 여성이 남성보다 장수하며, 세계 총인구의 남녀 비율도 여성 100명에 대비해 남성 94명으로 남성이 더 적다.

하지만 인간의 경우 남녀 성비가 균형을 이루는 시기는

70세 전후이며, 남성 수가 크게 줄어드는 나이는 80세를 넘어서부터다. 이것이 번식과 관련이 있다고는 거의 생각할 수 없기 때문에 피셔의 이론을 그대로 적용하기에는 무리가 있다.

사람의 성별은 한 쌍을 이루는 X와 Y 염색체로 결정된다. 남성의 정자는 X염색체나 Y염색체 가운데 하나를 갖고 있고 여성의 난자는 X염색체를 갖고 있어 부모에게 한 개씩 이어받아 XY가 되면 남아, XX가 되면 여아로 태어난다. 즉 수정될 때 정자가 X와 Y 중에서 어느 염색체를 갖고 있느냐에 따라 태어나는 아이의 성별이 결정되는 것이다.

Y염색체의 길이는 X염색체 길이의 약 3분의 1밖에 되지 않는다. 게다가 염색체 속 유전자 수는 X염색체가 1098개인데 반해 Y염색체는 78개에 불과하다. 길이가 약 3분의 1일

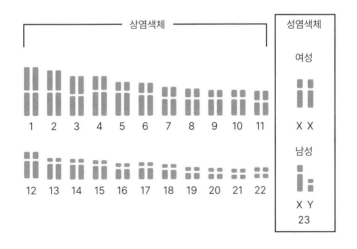

23번째 염색체 쌍 중 1개의 염색체가 X냐 Y냐에 따라 성별이 결정된다.

뿐 아니라 유전자 수도 14분의 1밖에 되지 않는다.

한 쌍을 이루는 2개의 염색체가 1개씩으로 나뉘어 감수분열을 할 때, 유전자가 적은 쪽이 복제 실수도 줄기 때문에 정상적인 정자로 완성되는 정자의 수도 다르다. 이 비율은 X염색체를 가진 정자가 100이라면 Y염색체를 가진 정자는 107이다. 마침 출생 시 남녀 비율과 같아서 염색체의 길이가 성비를 결정한다는 의견도 있다.

그리고 23개의 염색체 쌍 중에서 1개의 염색체 길이가 다르므로 정자의 무게도 약간 달라 Y염색체를 갖는 정자가 더 가볍다. 따라서 불임 치료에서 인공수정을 할 때 정자를 원심분리기로 돌리면 태어나는 아이의 성별도 어느 정도 조절할 수 있다고 한다.

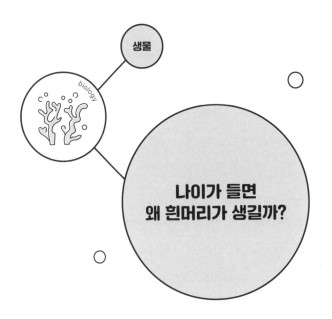

생물

나이가 들면
왜 흰머리가 생길까?

나이가 들면 하나둘씩 흰머리가 늘어간다. 신경이 쓰여 뽑기도 하고 염색으로 감추기도 하는 등 사람에 따라 대처 방법이 다를 것이다. 머리카락은 왜 하얗게 되는 걸까.

모근에는 털을 만드는 공장이라고 할 수 있는 '모모毛母 세포'와 생겨난 머리카락에 색을 입히는 색소세포 '멜라노사이트melanocyte'가 있다. 모발이 생성될 때 색소인 멜라닌이 공급되지 않고 흰색 모발이 그대로 나와 점점 백발이 되는 이유는 다음과 같이 정리할 수 있다.

① 멜라노사이트가 감소하고 소멸한다.
② 멜라노사이트 중에서 색소를 만드는 세포소기관 멜

라노솜melanosome이 감소한다.

③ 색소의 재료인 티로신tyrosine이 부족해진다.

④ 티로신을 멜라닌으로 바꾸는 효소인 티로시나아제 tyrosinase가 부족해진다.

⑤ 멜라노사이트의 기능 저하로 멜라닌이 모모 세포에 도달하지 못한다.

이 가운데 노화와 관련된 원인은 ⑤번 멜라노사이트의 기능이 저하되거나 없어지는 일이다.

멜라노사이트는 피부에도 있는 아메바 형상의 세포인데, 세포 사이를 이동할 수 있지만 머리카락이 빠질 때 모근부와 함께 빠진다. 게다가 나이 들면서 모근 주변의 건강 상태가

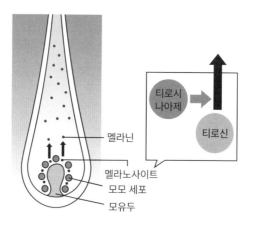

멜라노사이트에서 멜라닌이 생성된다.

악화되면 색소를 공급하는 멜라노사이트가 재생되지 않아 결과적으로 흰머리가 늘어난다는 사실이 증명되었다.

모근 주변의 생체 내 건강 상태를 유지해 멜라노사이트가 새로 생성되도록 하면 흰머리도 검은 머리로 되돌릴 수 있다고 하여 연구가 계속되고 있다.

사람의 머리카락은 나기 시작한 후 2~7년 동안은 계속 자라며 모근의 퇴화가 진행되기 약 2주간의 이행기와 반년 정도의 휴지기를 거쳐 다음에 나오는 새 머리카락에 쫓겨나듯이 빠진다. 이 성장기와 이행기, 휴지기의 반복을 '모발의 성장 주기hair cycle'라고 한다. 다시 말해 사람들은 대부분 흰머리가 갑자기 늘어났다고 생각하지만 이는 2~3개월 사이에 일어난 변화가 아니라 3~5년 전의 건강 상태와 관련된 것이다.

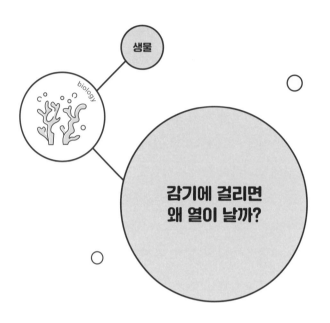

생물

biology

감기에 걸리면
왜 열이 날까?

감기에 걸리면 열이 나는데, 예전에는 체온이 37도를 넘으면 해열제를 복용해 열을 내리는 것이 좋다고 했다. 의학적으로는 겨드랑이 아래에 체온계를 넣어 측정한 체온이 37.5도 이상인 경우를 '발열'이라고 정의한다.

그러나 현재는 해열제를 복용하는 기준이 체온이 38.5도를 넘었을 때로 바뀌었다. 발열 시에 서둘러 체온을 내리지 않는 편이 더 빠르게 회복된다고 밝혀졌기 때문이다.

인체에 세균이나 바이러스 같은 병원체가 침입하면 맨 먼저 면역 세포가 반응해 병원체를 공격하는 동시에 뇌의 시상하부를 향해 신호를 보낸다. 그러면 시상하부에 있는 체온조절중추가 신호를 받아 몸의 각 부분에 "발열하라!"고 명령을 내려 몸을 떨게 하거나(근육을 움직여 열이 나게 만든다) 혈관을 수축시켜(체표에서 열이 달아나는 것을 막는다) 체온이 오른다.

병원체는 체온이 36~37도일 때 가장 왕성하게 증식하기 때문에 그보다 2도 정도 체온이 오르면 병원체의 증식이 억제되고 백혈구 등 몸에 있는 면역 세포가 활발하게 활동한다. 발열 증상이 있을 때 온몸에 권태감이나 식욕부진 현상이 일어나는 까닭은 근육을 움직이거나 소화시키는 에너지를 신체의 방어 기능에 나눠주기 때문이다.

조금 다른 이야기를 해보자면, 일본 꿀벌은 벌집에 들어와 동지를 공격하는 말벌을 발견하면 말벌 1마리에 수십 마리가 둥그렇게 에워싸며 달려든다. 꿀벌들은 날개를 격하게 흔들어서 체온을 올려 벌떼 중심부의 온도를 46도 이상으로 만들어 가운데에 갇힌 말벌을 열로 죽인다. 꿀벌은 그 온도에서 1시간 정도 견딜 수 있지만 말벌은 몇 분 이내에 죽고 만다.

인체의 면역 기능도 꿀벌이 적을 격퇴하듯 '열'로 방어하는 것이다. 다만 발열이 며칠간 지속되거나 주기적으로 나타날 때는 다른 질환이 잠복하고 있을 가능성도 있다.

또한 한번 오른 체온을 식히려면 땀을 많이 배출해야 한다. 열이 오를 때는 탈수 증상이 생기지 않도록 수분을 충분히 섭취하자. 체온이 41도를 넘어가면 열사병에 걸릴 위험이 있고, 42도를 넘으면 뇌 기능의 일시적 장애를 불러오며, 43

도를 넘으면 뇌에 손상을 일으킨다고 한다. 이러한 위험을 방지하기 위해 체온이 오른다거나 두통을 비롯한 여러 가지 통증을 누그러뜨리고 싶을 때는 해열제를 복용하자.

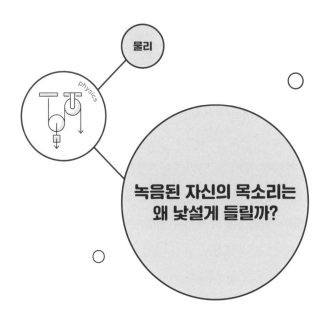

물리

physics

녹음된 자신의 목소리는 왜 낯설게 들릴까?

녹음된 자신의 목소리를 들으면 말을 잘하느냐 못하느냐는 둘째 치고, 목소리의 높낮이가 어색하기 짝이 없다. 아마도 대부분은 '내 목소리가 이렇게 높았나?' 하고 놀랄 것이다.

사람은 자신의 목소리를 실제로 내는 소리보다 조금 더 저음으로 듣고 있다. 자신의 귀가 듣고 있는 자신의 목소리는 입에서 나와 공기를 통해 귀, 정확히는 고막에 도달하는 소리와 구강 내에서 두개골을 지나 내이內耳*를 직접 진동시키는 소리가 섞여 있기 때문이다. 내이의 진동도 청각 신경에서 전기신호로 바뀌어 최종적으로 뇌에 도달해 소리로 들리지만, 뇌는 고막에서 온 소리인지 두개골을 통해 전달된 소

───
* 귀의 가운데 안쪽에 단단한 뼈로 둘러싸여 있는 부분.

리인지 구별하지 못한다.

두개골을 통해 온 소리는 낮고 불명확하게 들린다. 이 사실은 손가락으로 귓구멍을 꽉 틀어막은 채 대화를 해보면 쉽게 알 수 있다. 원리적으로는 고막에 공기의 진동이 전해지지 않으므로 두개골을 통해 전달된 '골전도음'만 들리는 것이다.

반면에 녹음기 등 마이크가 인식할 수 있는 소리는 공기를 통해 전달된 '공기전도음'뿐이다. 공기전도음만 들으면 평소에 듣는 골전도음과 공기전도음이 섞인 소리의 차이에 놀라겠지만 그 소리야말로 항상 타인이 듣는 자신의 목소리다.

이 골전도를 활용해 장애를 뛰어넘은 역사상 위인이 있다. 작곡가 베토벤이다. 그는 20대 후반부터 이경화증을 앓

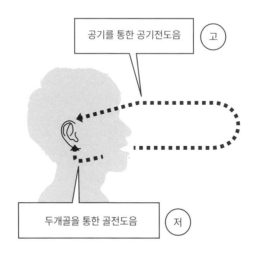

공기전도음과 골전도음이 섞인 소리가 자신의 실제 목소리다.

아 난청이 생기자 치아로 나무 막대기를 물어 피아노에 대고 골전도로 음을 확인하면서 작곡을 계속했다고 한다. 이 사례와 같이 외이, 중이에 장애가 있어도 골전도라면 음을 들을 수 있기 때문에 현대의 보청기에 골전도를 이용하기도 한다.

그 밖에도 바깥 소음에 방해받지 않고 음을 잘 전달할 수 있으며, 타인은 듣지 못하는 골전도의 특징을 활용해 소음이 많은 장소에서 작업하는 사람을 대상으로 한 통신기라든지 개인용 헤드폰을 만드는 데도 사용한다.

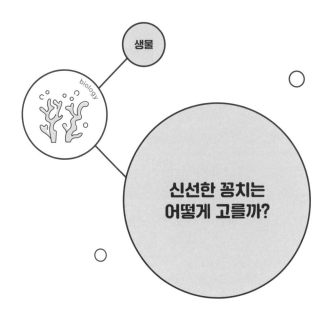

생물

신선한 꽁치는
어떻게 고를까?

꽁치는 북쪽 바다에서 여름에 증가하는 동물플랑크톤을 먹고 자라기 때문에 가을에 잡아야 기름기가 올라 가장 맛있다. 꽁치를 잡는 방법은 다음과 같다.

① 수중 음향 탐지기 소나sonar 또는 어군탐지기˙로 꽁치 떼를 찾는다.
② 꽁치 떼 가까이로 다가가 그물의 양 끝을 막대기로 지지해서 만든 봉수망을 바다에 펼치듯 던진다.
③ 집어등˙˙으로 꽁치 떼를 배 주변으로 유인한다.

˙ 초음파를 이용해 물고기 무리의 존재를 확인하는 기기.
˙˙ 불빛을 보면 몰려드는 특성이 있는 물고기를 꾀는 등불.

④ 막대기를 들어올려 그물망에 걸린 꽁치 떼를 건져 올린다.

⑤ 그물망을 배에 대고 피시 펌프fish pump로 바닷물째 빨아올린다.

⑥ 얼음과 함께 어창*에 넣는다.

대부분 이 방법으로 꽁치를 어획해 신선도를 유지하는 것이 특징이다.

물고기를 비롯해 근육이 있는 동물은 죽은 후 일정 시간이 지나면 몸의 조직이 굳는 사후경직 현상이 일어난다. 호흡이 멈추는 동시에 세포 속에 쌓여 있던 에너지를 모두 사용해 근육이 수축하기 때문이다. 그 후 몸속 효소가 근육의 단백질을 분해해서 글루타민산, 이노신산, 구아닐산 등 깊은 맛을 내는 성분으로 바꾸기 때문에 먹으면 맛있다. 하지만 단백질 분해가 지나치게 진행되면 오히려 맛이 떨어진다.

제철인 꽁치가 가장 맛있고 영양도 풍부한 타이밍은 사후경직이 풀렸느냐 아니냐에 달렸다고 한다. 등 쪽을 위로 하고 꼬리 부분을 쥐었을 때 늘어져 구부러지지 않고, 눈이 맑고 투명하며 입 끝, 정확하게는 아래턱 끝부분이 노란색인 꽁치를 고르면 신선도가 높다. 그 이유는 사후경직이 남아 있어 단백질 분해가 그다지 진행되지 않았을 때 나타나는 특

* 어선에서 어획물을 임시로 넣어두는 창고.

징이기 때문이다. 특히 입 끝이 노란색을 띠는 꽁치는 기름이 한껏 올라 있다는 증거라고 한다.

또한 체표에 흠처럼 나 있는 작고 둥근 구멍은 펜넬라가 꽁치 몸 밖에 들러붙어 있던 흔적으로 생선 가게에 진열될 때는 이 기생충이 제거된다. 구멍이 1~2개라면 신선도나 맛에는 상관이 없으니 신경 쓰지 않아도 된다.

마찬가지로 체표에 있는 파랗고 작은 반점을 께름칙하게 여기는 사람도 있을지 모르지만, 이 반점은 꽁치의 비늘이다. 꽁치의 비늘은 굉장히 약해서 바다에서 건져 올릴 때 거의 다 떨어지지만 간혹 남아서 붙어 있기도 한다. 매우 드문 경우니 혹시라도 발견했다면 운이 좋다고 생각하자.

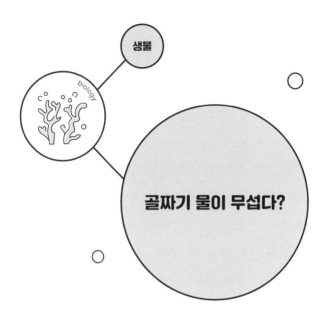

생물

biology

골짜기 물이 무섭다?

산길을 오르다가 우연히 발견한 샘물을 두 손으로 떴을 때 차갑고 투명하다면 무심코 입으로 가져가 한 모금 마시고 싶어진다. 특히 다른 등산객이 맛있다는 듯이 마시는 모습을 보았다면 더욱 그럴 것이다. 하지만 산속에서 흐르는 샘물에는 보이지 않는 위험이 잔뜩 도사리고 있다. 조난을 당한다거나 탈수 증상을 일으켜 생명에 위협을 느끼는 상황이 아니라면 산속에 흐르는 물은 마시지 않는 것이 현명하다.

무엇보다 두려운 것은 '포충Echinococcus'이라는 촌충이다. 한국에서도 한때 유행한 적이 있으며, 일본에서는 최근 30~50년 사이에 홋카이도 전역에 퍼지기도 했다. 포충에 감염된 여우나 너구리 등 갯과에 속하는 동물의 대변에 섞여 있던 기생충알을 골짜기 물 등을 통해 인간이 먹으면 체내에 기생하게 된다. 무서운 사실은 이 포충이 체내에 기생하더라도 증상이 없어서 알아차리지 못한 채 간장이나 폐, 뇌 등에 병터를 만든다는 것이다. 실제로 10년쯤 지나 치명적인 증상을 일으키기도 한다.

한편 포충에 감염된 갯과 동물에게는 증상이 나타나지 않으며, 반년이 지나면 포충의 수명이 다하므로 숙주가 된 동물은 무사하다.

그 밖에 물을 통해 감염되는 기생충이 일으키는 질병으로는 '아메바 적리'나 '크립토스포리듐Cryptosporidium증'이 있다. 또한 세균이나 바이러스로 인한 감염증은 그 수가 훨씬 많다. 만약 산이나 골짜기 물의 상류 쪽에서 감염자가 배변 후에 손을 씻었다고 상상해보라. 아마도 그 물을 마실 엄두가 나지 않을 것이다.

기생충이나 세균, 바이러스는 모두 열에 약하다. 골짜기 물을 마셔야 하는 상황이라면 최소한 3분 이상 끓였다가 충분히 식힌 후 마시는 것이 좋다. 단, 광산 근처에서는 골짜기 물이 중금속에 오염되어 있을 수도 있으니 끓인다고 해서 다 안심할 수는 없다.

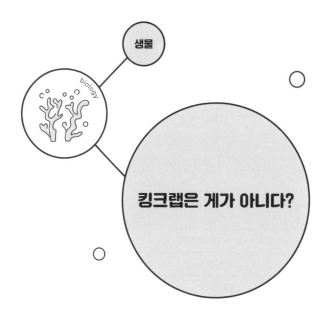

생물

biology

킹크랩은 게가 아니다?

'게의 왕'으로 불리는 킹크랩의 매력은 특유의 단맛과 크고 먹을 게 많다는 데 있다. 값이 비싸서 맛볼 기회가 그리 많지는 않지만 말이다. 대게와 그 근연종˚인 홍게, 무당게, 털게 등은 바닷속 깊은 곳에 산다.

한편 큰 강의 하구 등 바닷물과 강물이 섞이는 기수역 brackish water zone에 서식하는 종류는 참게(상하이게)와 동남참게다. 사실 이들 게 가운데 생물 분류상으로는 킹크랩만 종류가 다르다.

킹크랩과 대게의 차이를 쉽게 설명하면 대게는 단미하목短尾下目, 즉 게류Brachyura고 킹크랩은 이미하목異尾下目, 즉 집

˚ 형태는 크게 다르지만 생물 분류상으로는 가까운 종류.

207

게류Anomura에 속한다. 한마디로 킹크랩은 소라게다.

킹크랩의 근연종으로는 청색왕게(블루 킹크랩)와 가시투성왕게가 있다. 둘 다 소라게와 같은 부류로, 외관상으로도 집게발이 없는 다리가 3쌍밖에 없으므로 4쌍인 보통 게와 쉽게 구분할 수 있다. 이들 킹크랩의 근연종은 몸의 내부도 보통 게와는 달라 게 내장*이 맛이 없기 때문에 먹지 않는다.

	킹크랩	대게
목目	십각목(집게류/이미하목)	십각목(게류/단미하목)
과科	왕겟과	물맞이겟과
속屬	왕게속	대게속

* 정확히는 '중장선中腸腺'으로 연체동물이나 갑각류의 중장 내 소화선을 뜻한다.

생물

biology

공룡은 왜 거대해졌을까?

지금으로부터 1억 년쯤 전, 중생대 백악기 전기에는 몸길이 40미터에 체중 100톤t이 넘는 초대형 공룡이 존재했다는 사실이 화석 연구로 밝혀졌다. 이 초대형 공룡을 용각류라고 하는데 머리와 꼬리가 굵고 길게 발달한 초식성 육상 공룡이다. 그런데 풀을 먹고 살면서 어떻게 몸집이 거대해질 수 있었을까?

가장 유력한 이유는 이산화탄소의 증가에 따른 지구온난화다. 게다가 대기 중 산소도 현재보다 많았다. 쥐라기에서 백악기에 걸쳐 기후가 온난하고 해수의 증발도 왕성하게 이루어져 강우량이 많았던 것으로 보인다.

광합성에 이용하는 이산화탄소가 많아 식물이 크게 번식

했기에 초식 공룡은 먹이가 넉넉했다. 또한 산소도 고농도였기에 혈액에 충분한 산소를 흡수하면서 몸집이 커졌다. 특히 초식 공룡이 육식 공룡에 대항하려면 더욱 빨리 성장해야만 생존에 유리했다. 이러한 여러 요인이 복합적으로 작용해 공룡이 거대해진 것이다.

현존하는 가장 큰 동물은 흰긴수염고래다. 몸의 전체 길이가 약 33.6미터, 체중은 약 190톤으로 기록되어 있다. 고래는 바닷물의 부력으로 자신의 무게를 느끼지 않고 헤엄칠 수 있지만, 육상동물 세계에서는 아프리카코끼리가 몸길이 약 7.5미터, 체중 약 10톤으로 한계치다.

육상에서는 너무 크고 무거운 동물이 살 수 없다. 그래서 육상에서 사는 거대 공룡이 100톤이나 되는 체중을 어떻게 다리로 지탱할 수 있었는지는 오랜 세월 수수께끼로 남아 있었지만, 화석 연구가 진행되면서 뼈를 굵게 하기보다는 관절이 맞닿는 면을 넓게 하면 자신의 체중을 지탱할 수 있다는 사실이 알려졌다.

진화의 기본적인 사고방식은 처음에 돌연변이가 무작위로 일어나고 몸집의 크기가 약간 큰 생물, 그리고 약간 작은 생물이 태어난다. 그 후 환경이 미치는 압력이 변화해서 살아남기 쉬운 쪽이 자손을 늘려가고 이런 추세가 점점 더 강해진다. 세대교체가 거듭되는 동안 변화해나간 과정이 바로 '진화'다. 공룡이 거대해진 이유는 '살아남는 데 유리했기 때문'이다. 처음부터 커지려고 작정하고 진화한 것은 아니라는 이야기다.

몸길이 40미터

체중 100톤

공룡 중 몸집이 가장 큰 아르젠티노사우르스의 상상도.

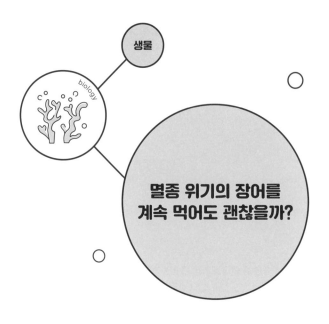

생물

biology

멸종 위기의 장어를
계속 먹어도 괜찮을까?

　뱀장어는 생태가 명확히 알려지지 않은 데다 완전 양식을 할 수 없기 때문에 멸종 위기종으로 지정되었음에도 치어의 남획이 계속되고 있다. 뱀장어를 완전 양식으로 기를 수 없는 이유는 어디에서 알을 낳는지 꽤 오랫동안 알아내지 못했기 때문이다. 대개 치어기의 뱀장어를 태평양 연안의 해안과 하구 부근에서 잡아 양어지에서 단기간에 성장시킨 후 식용으로 출하하는데, 뱀장어는 본래 강을 거슬러 올라가 상류에서 충분히 성장한 후 다시 바다로 돌아가 산란한다. 하지만 현재 상황에서는 뱀장어를 양식할 때 이러한 생태 사이클을 인위적으로 차단하고 있다.

　일련의 조사를 통해 뱀장어가 성숙하는 데 필요한 조건이나 치어기의 먹이 등 여러 가지 사실을 밝혀낸 후 양어지에서 양식한 뱀장어가 산란하도록 돕고 알에서 부화한 치어가 성어가 될 때까지 키우는 완전 양식 기술도 개발했다고 한다.

다만, 완전 양식이라고 해도 상업적인 의미에서 완전 양식이 성공했다고 하기는 어렵다. 현재의 기술로 일개 기관에서 생산할 수 있는 치어 뱀장어는 고작 몇백 마리에 불과하며, 비용도 꽤 많이 든다. 그런데 양식에 필요한 치어 뱀장어는 1억 마리라고 한다.

자연보호에 관련된 각 단체에서는 이대로 치어를 계속 포획하다가는 머지않아 절멸하고 말 것이라고 주장한다. 특히 제철도 아닌 여름에 대량 소비 사태가 발생하는 데 우려의 목소리를 나타내고 있다.

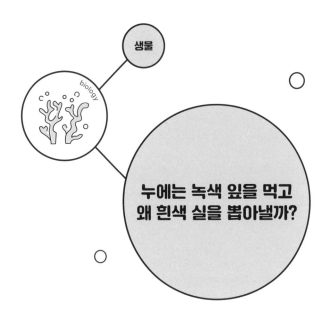

생물

biology

누에는 녹색 잎을 먹고
왜 흰색 실을 뽑아낼까?

동물성섬유인 '견사(명주실)'는 전통적인 직물과 의복에 주로 쓰이지만 피부에 닿는 감촉이 좋아서 속옷이나 셔츠에도 많이 사용된다. '실크'라는 이름으로 익숙할 것이다. 누에나방의 유충인 누에는 움직이지 못하는 번데기* 시기에 외부의 적으로부터 몸을 지키기 위해 입에서 토해내는 실로 누에고치를 만든다. 그 누에고치에서 뽑아낸 섬유가 비단(견포)이고, 섬유를 엮어서 실로 만든 것이 명주실(견사)이다.

누에나방은 유사 이래 5000년이 넘는 세월 동안 인위적으로 개량되어 가축화된 곤충이다. 야생 환경에는 없으며 사육 환경에서 도망친다 해도 살아남을 수 없다.

　*　유충기와 성충기 사이의 정지적 발육 단계.

나비와 나방은 대부분 유충 시절에 특정한 식물의 잎을 먹는다. 풀이든 나무든 나비와 나방의 유충이 먹는 식물을 '식초食草'라고 하는데, 누에나방이 먹는 식초가 바로 뽕나무다. 무명실을 생산하려면 뽕나무도 재배해야 하기 때문에 이에 적합한 토지에서 누에를 기른 결과, 비단의 생산지로 번성했다. 일본 군마현에 있는 세계문화유산 '도미오카 제사장 Tomioka Silk Mill and Related Sites'은 그 대표 격이라고 할 수 있다.

　　유충 시절에 녹색 뽕잎밖에 먹지 않는 누에는 어떻게 흰색 실을 만들어내는 것일까. 누에의 소화기관과 실을 만드는 기관에 관한 연구가 이루어져 상당히 자세한 부분까지 밝혀졌다. 누에는 소화효소의 작용으로 자신이 먹은 뽕잎을 아미노산과 당으로 분해하고 그 아미노산을 다시 엮어서 단백질로 된 실을 뽑아낸다. 무려 자신이 먹은 뽕잎의 약 50퍼센트를 실로 만들어내는 놀랄 만한 생산성을 발휘하는 것이다. 그 외의 당분은 영양과 성장에 이용하고 잎이 갖고 있는 색소 클로로필도 체내에서 항균 물질로 바꾸어 세균의 번식을 방지한다고 한다.

　　누에의 근연종(야생종)인 산누에나방은 상수리나무나 졸참나무의 잎을 먹고 옅은 녹색을 띤 누에고치를 만든다. 여기서 뽑아낸 실도 옅은 녹색을 띠고 있어 귀한 데다 천연이므로 양산하기 어려워 귀중품처럼 다뤄진다.

　　누에 가운데에서도 뽕나무잎에 포함된 주황색 계통의 색

소를 실에 약간 섞어서 금색으로 보이는 실을 만드는 품종도 있다. 녹색 잎을 먹는 누에가 만드는 명주실이 흰색을 띠는 것은 가공하기 쉬운 흰색 실을 만들어내는 품종이 살아남은 결과인 것이다.

최근에는 누에의 유전자에 발광 해파리나 형광 산호의 유전자를 집어넣어 자외선을 쬐면 녹색이나 주황색, 청색으로 빛나는 비단을 만드는 기술도 개발되어 새로운 기능성을 지닌 패션 소재로서 주목받고 있다. 누에고치에서 뽑아낸 실은 현대과학과 접목해 더욱 폭넓은 용도로 활용하고 있다.

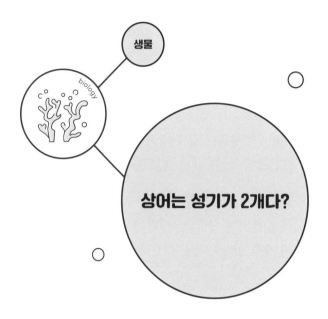

생물

biology

상어는 성기가 2개다?

수컷 상어에게는 교미기, 인간으로 말하면 '고추'가 2개 있다. 이는 상어와 같은 연골어류에 속하는 가오리류도 마찬가지다. 일반적으로 대부분의 물고기(경골어류)가 체외수정을 하는 데 반해, 상어나 가오리류는 암컷의 몸속에서 수정란을 부화시켜 새끼 상어 혹은 새끼 가오리를 낳는 난태생˚이 많고 수정도 체내에서 이루어진다. 그래서 암컷의 체내로 확실히 정자를 보낼 수 있게끔 수컷의 교미기가 발달했다고 한다.

발생학적으로 보면 상어의 교미기는 초기 배아 단계에 성호르몬의 영향을 받아 배지느러미의 끝쪽이 성장을 계속한

˚ 태반이 없어 모체에서 영양을 취하지 않고 난황卵黃을 영양으로 하여 태어나는 것.

기관이다. 포유류와 같이 배뇨 기관을 겸하지 않으며, 막대기 모양의 살에 홈이 있을 뿐이므로 음경penis이 아닌 '교미기'라고 불린다.

비슷한 모양으로 된 2개 혹은 두 갈래의 교미기는 뱀이나 도마뱀, 도마뱀붙이 등 파충류 유린목有鱗目˚의 수컷에서도 볼 수 있다. 이들은 '반음경hemipenis'이라고 불리며 발생학적으로는 사지, 그중에서도 뒷다리와 관련이 있다. 같은 파충류라도 거북이나 악어는 1개의 음경을 갖고 있다. 게다가 파충류의 경우 발생학적으로 꼬리뼈가 변한 것이므로 음경이 1개다.

많은 사람이 '상어는 헤엄치면서 교미를 하기 때문에 암컷의 좌우 어느 쪽에서도 교미할 수 있도록 교미기가 2개 있다'라고 알고 있지만, 실제로 상어는 수컷과 암컷이 배를 맞대듯이 서로를 향한 모습으로 교미한다.

또한 좌우로 넓은 체형인 가오리류의 경우 위아래로 맞붙은 자세로 교미하기 때문에 이때도 교미기가 2개 있어야 할 이유를 설명할 수 없다. 게다가 뱀이나 도마뱀, 도마뱀붙이의 교미기가 왜 2개인지는 여전히 풀리지 않는 수수께끼다.

분자생물학 연구에 따르면 배지느러미가 진화한 것으로 알려진 한 쌍의 교미기와, 뒷다리가 진화한 한 쌍의 반음경이 진화 과정에서 빠른 시기에 나왔다고(유전자가 만들어지기

˚ 척추동물 포유강의 한 목.

쉬움) 한다. 생물의 진화에서는 한번 만들어진 형태나 기능은 그대로 계속 사용되는 경향이 있다. 월등히 우수한 형태나 기능이 새로이 등장하기 전까지는 좀처럼 바뀌지 않는다. 2개의 교미기나 반음경이 있어도 동시에 사용하지 않으면 한쪽이 퇴화한다. 결국은 1개가 되는 진화 과정의 흔적인지도 모른다.

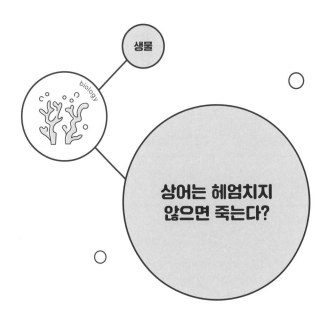

생물

biology

상어는 헤엄치지 않으면 죽는다?

상어는 계속 헤엄치지 않으면 죽게 된다는 말을 들어본 적이 있는가. 사실 그 진위 여부는 반반이다. 상어나 가오리류 등 연골어류의 일부 종(연골어강, 판새아강 분류군)은 경골어류와 같이 단단한 아가미뚜껑을 갖고 있지 않으며, 몸의 옆면과 아래쪽에 5~7쌍의 아가미구멍이 열려 있다.

어류라고 해도 호흡을 통해 혈액에 산소를 공급하지 않으면 살 수 없다. 육상동물의 폐 역할을 하는 부분이 '아가미'다. 항상 산소가 녹아 있는 신선한 물을 입으로 흡입해 아가미를 통과시켜 아가미구멍으로 배출한다. 어류는 아가미로 물속의 산소를 혈액으로 흡수해 호흡한다.

경골어류는 아가미뚜껑을 뻐끔뻐끔 움직임으로써 물속

에서 정지해 있어도 항상 아가미에 일정량의 물이 흐르는 상태를 유지할 수 있지만, 아가미구멍이 열려 있을 뿐인 상어와 가오리류는 이러한 작용을 할 수 없다. 그래서 헤엄치기를 멈추면 호흡을 할 수 없어 죽는다는 이야기가 나온 것이다.

그런데 실제로는 괭이상어처럼 해저에서 가만히 멈춰 있는 시간이 많은 저생성底生性 상어도 있다. 아가미뚜껑은 없지만 주변 근육을 움직여 아가미구멍을 개폐해서 물의 흐름을 만들어내 호흡하기 때문에 가만히 있어도 죽지 않는다.

한편 이른바 식인 상어라고 불리며 사람들이 두려워하는 백상아리나 뱀상어, 흉상어, 귀상어 등 대해를 누비고 다니는 대형 상어는 유영성이 뛰어나 잠자고 있을 때도 좌우 뇌를 교대로 각성시켜 항상 헤엄치고 있다.

경골어류 중에서도 헤엄치는 데 특화된 대형 회유어, 이를테면 참치나 가다랑어, 방어, 청새치 등은 아가미뚜껑을

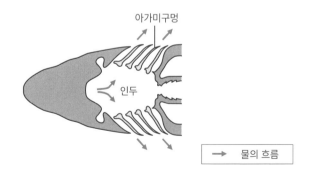

유영성이 뛰어난 상어는 호흡하기 위해 계속 헤엄친다.

크게 움직이지 못하기 때문에 헤엄을 멈추면 역시 호흡이 곤란해져 죽는다고 한다. 이렇듯 계속 헤엄치지 않으면 죽는 물고기는 상어 외에도 존재한다.

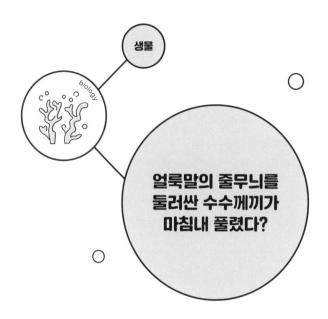

생물

얼룩말의 줄무늬를
둘러싼 수수께끼가
마침내 풀렸다?

　사자를 비롯한 육식동물이 다수 서식하는 아프리카의 사
바나 에서 초식동물인 얼룩말의 몸은 왜 그렇게 까맣고 흰
줄무늬로 덮여 있는 걸까. 오랜 세월 수수께끼로 남아 있던
이 의문이 드디어 풀렸다.

　과학 교과서 등에는 "사자와 치타 등 육식동물의 눈은
색을 식별하는 데 뛰어나지 않기 때문에 얼룩말의 까맣고 흰
줄무늬가 초원의 풍경과 섞여 보인다. 그러므로 이는 일종의
의태擬態 로서 포식자의 눈을 속이기 위해서다"라고 쓰여 있
다. 하지만 육식동물의 시각에 관한 연구가 진행된 후 확실

※　건기가 뚜렷한 열대와 아열대 지역에서 발달한 초원.

※※　동물이 자신의 몸을 보호하거나 사냥하기 위해 모양이나 색깔이 주위와 비슷하
게 되는 현상.

히 색을 구분할 수 있다는 사실이 밝혀지면서 '줄무늬의 시각 교란설'은 여전히 논란거리로 남아 있다.

얼룩말끼리도 자신들의 무리를 발견하기 쉽고 무리 지어 있어야 포식자에게서 도망칠 수 있다는 설도 있지만, 얼룩말의 무늬와 육식동물의 시각에 관한 연구는 더 이상 진척되지 못하고 있다.

1970년대 후반에는 검고 흰 줄무늬가 태양광을 받아 체 표면에 약간의 온도 차이를 만들어내 따뜻해진 검은색 부분과 그만큼 따뜻해지지 않는 흰색 부분 사이에서 공기에 대류를 생성해 몸을 차갑게 함으로써 이 체온 조절이 더운 날씨의 사바나에서 생존율을 높인다는 설도 등장했다. 하지만 이러한 주장은 서모카메라thermo camera*를 사용해 관찰한 결과 대부분 부정되었다.

그런 가운데 2014년에 새로운 가설이 나왔다. 아프리카 대륙의 중앙부에만 서식하는 흡반성 파리 '체체파리'가 매개하는 전염병(아프리카수면병. 아프리카 트리파노소마증)으로부터 몸을 지키는 데 흑백 줄무늬가 유용하다는 이론이다.

① 체체파리는 색채와 명암이 균일한 곳을 좋아해 얼룩말처럼 무늬가 있는 면을 꺼린다는 사실이 실험으로 확인되었다.

*　온도에 따라 변화하는 색을 컬러필름을 사용해 촬영하는 카메라.

224

② 대량의 체체파리를 포획해 이들이 흡혈한 동물의 혈
   액을 조사한 결과, 얼룩말의 혈액은 거의 검출되지 않
   았다.
③ 얼룩말의 아종˚과 절멸종˚˚도 조사해보았더니 흑백
   줄무늬를 가진 종이 있는 지역이 체체파리의 분포 지
   역과 거의 겹쳤다.

이러한 이유로 얼룩말의 줄무늬가 전염병 방지와 관련성
이 높다고 결론 내린 것이다. 체체파리의 흡혈과 전염병의 매
개에는 인간도 골머리를 앓고 있다. 얼룩말의 흑백 줄무늬를
본떠 만든 옷을 다시 입어야 할지도 모르겠다.

˚   종種을 다시 세분한 생물 분류 단위.
˚˚ 지구상에서 마지막 개체까지 사멸한 종.

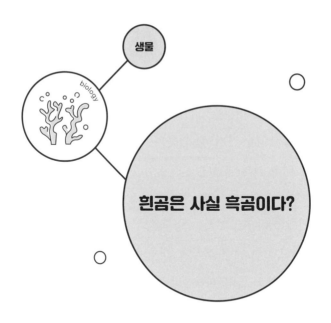

생물

흰곰은 사실 흑곰이다?

우리가 흰곰이라고 부르는 곰과 동물은 정식 명칭이 '북극곰'이며, 이름에서 알 수 있듯이 북극권에 서식하고 있다. 곰과 동물은 대왕판다giant panda를 제외하면 대부분 온몸이 검은색 또는 짙은 갈색 털로 덮여 있다. 언뜻 생각하면 검은색 털로 몸을 감싸야 햇빛을 흡수해 따뜻할 것 같은데, 왜 추운 북극권에 사는 북극곰만 흰색일까?

북극곰은 유럽에서 아시아, 북아메리카 대륙에 분포하는 큰곰과 공통된 조상으로부터 약 15만 2000년 전에 갈라져 나온 것으로 알려져 있다. 생물학사로 볼 때는 극히 최근에 일어난 일이며, 현재도 자연 생태에서 큰곰과 북극곰의 교배 개체가 태어날 정도로 근연종이다.

큰곰과 북극곰의 공통된 조상이 북극권으로 왔을 때, 식물이 자라기 힘든 토지였기 때문에 본래는 잡식성인 곰이 육식을 주로 하게 되었고 먹잇감으로 노리는 동물에게 다가가도 들키지 않도록 설원과 빙원에서 눈에 띄지 않는 흰색 털을 갖게 되었다. 이 종족이 북극곰이다. 사냥할 때 먹잇감에게 발각되지 않으려고 검은색 코끝과 눈을 손에 난 흰털로 덮어 감추는 습성도 북극곰이 지닌 특성이다.

털이 적은 코끝 부분이 검게 보이는 것은 원래 북극곰의 피부가 검은색이기 때문이다. 그 검은 체표를 덮고 있는 털은 흰색이 아닌 무색으로 투명하다. 빨대처럼 가운데에 구멍이 나 있고 공기가 들어가 있다. 마치 단열재와 같은 구조다. 투명한 털은 태양광 속 가시광을 난반사* 하므로 하얗게 보이지만 적외선이 통하기 때문에 검은 피부가 열을 흡수해서 따뜻해진다.

북극곰의 털은 보온성이 뛰어날 뿐 아니라 보호색 역할까지 하므로 합리적 구조라고 할 수 있다. 하지만 이를 뒤집어 생각해보면 북극권의 자연환경이 굉장히 혹독하다는 결론에 이른다. 약 15만 년이라는 기간 동안 '흰곰'이 되지 않고서는 살아올 수 없었던 것이다.

---

* 울퉁불퉁한 바깥 면에 빛이 부딪혀 사방팔방으로 흩어지는 현상.

확대한 북극곰의 털

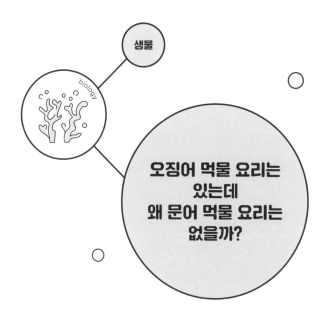

생물

biology

오징어 먹물 요리는
있는데
왜 문어 먹물 요리는
없을까?

문어도 오징어도 포식자로부터 도망칠 때 먹물을 내뿜는다. 오징어의 먹물은 약간 끈적끈적한 점성이 있어서 바닷속에 뿜어져 나온 뒤에도 바로 사방으로 퍼지지 않고 조금 가늘고 긴 형상을 띤다. 그래서 포식자가 먹물을 오징어라고 착각하고 있는 동안 오징어는 재빨리 도망친다. 말하자면 '미끼' 역할을 하는 것이다. 점성이 있기에 파스타에도 잘 엉기고 다양한 오징어 먹물 요리에 활용된다.

반면 문어의 먹물에는 점성이 없어 바닷속에서 금세 쫙악 퍼지므로 미끼가 아니라 '연막'으로서 포식자의 시야를 가리는 역할을 한다. 그런데 최근에는 문어의 먹물이 포식자의 후각을 교란하는 화학물질이라는 주장이 나왔다.

문어의 천적은 곰치라고 알려져 있다. 곰치는 물고기 중에서도 후각이 발달해 문어 냄새가 조금만 나도 그 냄새를 좇아 문어를 공격한다. 수족관에서 촬영한 영상을 보면 문어가 내뿜은 먹물을 뒤집어쓴 곰치는 확실히 먹물을 싫어하는 듯이 보인다. 물론 문어 먹물에 독은 들어 있지 않다.

　　인간이 문어 먹물을 음식에 적극적으로 이용하지 않는 이유는 문어의 먹물주머니가 내장 가까이에 있어 떼어내기 어렵고, 먹물주머니에 들어 있는 먹물의 양도 적기 때문이다. 같은 먹물의 양으로 비교한다면 문어 먹물에도 오징어 먹물 이상으로 아미노산이 함유되어 있고 깊은 맛이 있다. 하지만 크기가 비슷한 문어와 오징어를 놓고 볼 때 오징어 쪽이 먹물의 양이 훨씬 많고 먹물주머니를 떼어내기도 쉽다. 그리고 문어의 먹물을 사용한 요리도 분명 맛있겠지만 오징어 먹물로 요리할 때보다 비용이 10배가 넘는다고 한다.

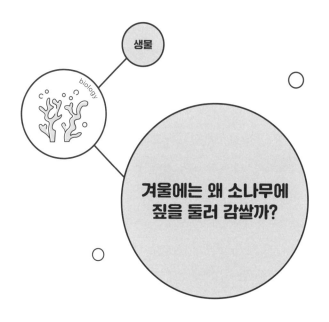

생물

biology

겨울에는 왜 소나무에 짚을 둘러 감쌀까?

눈 내린 겨울, 소나무의 초록색과 눈의 흰색이 어우러져 빚어내는 또렷한 대비는 무척 인상적이다. 그 소나무를 짚으로 둘러 감싼 이유는 무엇일까? 소나무가 추위에 약해서일까? 하지만 굵은 줄기의 일부분에만 짚을 두른 걸 보면 꼭 그렇게 보기도 어렵다.

소나무나 히말라야삼나무 줄기를 지면에서 2미터 정도 높이에서 짚 등으로 둘러 감싸는 것을 '잠복소'라고 한다. 옛날부터 유행하던 해충구제법이다.

소나무를 해치는 해충 가운데 두려운 것은 나방의 종류인 솔나방의 유충이다. 솔나방 유충은 소나무잎을 닥치는 대로 먹어치우고 가을이 되면 나무 위에서 내려와 마른 잎 속에서 유충의 모습 그대로 겨울을 난다. 이때 짚을 나무줄기에 감싸놓으면 솔나방 유충이 짚 속에서 겨울을 보내므로 봄이 되기 전에 짚을 떼어내 그대로 태워 해충을 제거할 수 있다고 한다.

하지만 일본 효고현립대학교와 히메지姬路공업대학(2006년 효고현립대학으로 통합됨)이 2002년부터 2007년까지 5년에 걸쳐 히메지성과 히메지공원에 있는 소나무 약 300그루의 잠복소(만추인 11월부터 이듬해 봄 3월까지 감싸둠)를 하나씩 철저하게 조사해 그 안에 있는 생물을 기록한 결과, 잠복소에 가장 많은 것이 거미류였다. 두 번째로 많은 것은 솔나방의 천적이기도 한 껍적침노린재로, 이 두 집단이 전체의 약 57퍼센트를 차지했으며 구제해야 할 솔나방 유충 등의 해충은 전체의 약 4퍼센트밖에 없었다고 한다.

결국 이대로 짚을 태우면 해충을 없애기는커녕 해충의 천적을 제거하는 형국이 되고 만다. 어쩌면 잠복소가 오히려 해충의 번식을 돕고 있었는지도 모른다.

이 사실이 곤충학회에서 발표된 이후, 각 지역의 자치단체가 공원이나 정원에서 시행하던 잠복소 감싸기는 차츰 중지되고 있다. 가을을 잘 드러내는 특색 있는 광경의 의미로 시행하고 있는 곳도 있지만, 이제는 해충구제의 효과를 기대하는 장치가 아니라 관광이나 고객 유치를 꾀하는 역할로 이용한다고 한다.

생물

biology

비둘기는 왜 머리를 흔들며 걸을까?

공원이나 광장에 비둘기가 모여 있는 광경을 보기가 드물어졌다. 그래도 주의 깊게 찾아보면 비둘기가 머리를 앞뒤로 흔들며 걸어가는 모습을 볼 수 있는데, 마치 날아가는 방법을 잊은 것 같은 독특한 걸음걸이다. 비둘기는 왜 머리를 흔들면서 걸을까.

이 동작은 집비둘기 외에도 멧비둘기나 닭 등 주로 땅 위를 걸어 다니는 새에게서 볼 수 있다. 이들 조류는 시야가 넓고 시각이 매우 뛰어나지만 안구를 움직이는 근육은 그다지 발달하지 못했다. 인간은 차창으로 밖을 내다볼 때 안구만 움직여 지나가는 풍경을 좇을 수 있지만 조류에게는 어려운 일이다. 특히 새가 지면을 걷는 속도로 이동하면서 주변을 보면 시야 전체가 흐르듯이 움직인다. 그래서 비둘기는 걸을 때 다음과 같은 동작을 반복한다.

① 처음에 목을 움직여 머리를 최대한 앞으로 내민다.
② 이어 발을 내딛고 몸을 앞으로 이동하는데, 동시에 목을 부드럽게 뒤쪽으로 젖혀 머리를 뒤로 움직인다.
③ 목이 최대한 뒤로 젖혀졌을 때 재빨리 머리를 앞으로 내민다.

몸통을 항상 움직이고 있어도 머리의 위치를 주목해보면 잠깐 멈췄다가 다시 재빨리 움직이기를 반복한다.

이렇게 기민하게 움직일 수 있는 이유는 조류의 목뼈 경추가 13~25개로 다른 척추동물보다 많아 매우 유연하기 때문이다. 참고로 포유류의 목뼈 경추는 7개다. 따라서 비둘기는 눈앞의 경치가 움직이지 않도록 머리 위치를 공간에 고정한 채 이동할 수 있다. 길거리 예술 공연에서 간혹 손에 들고 있는 상자가 공중에 고정되어 떠 있는 것처럼 몸짓을 하는 팬터마임을 볼 수 있는데, 이와 같은 동작을 새가 하고 있는 것이다.

비둘기나 닭 등 땅 위를 걸어 다니는 새들이 머리를 앞뒤로 흔들며 걷는 것은 눈에 들어오는 풍경을 가능한 한 오래 고정해두고 그 안에서 움직이는 작은 벌레나 외적을 재빨리 발견하기 위해서다.

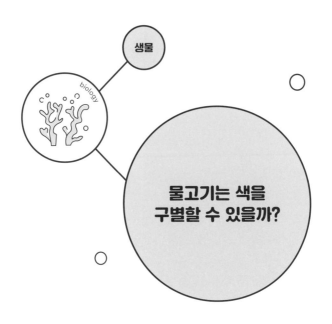

생물

biology

물고기는 색을
구별할 수 있을까?

　남국의 얕은 바다에 서식하는 형형색색의 물고기가 우아
하게 헤엄치는 모습을 보고 있으면 물고기들이 색을 구별할
수 있는지 궁금해진다. 물고기들은 모양이 비슷하기 때문에
만약 색을 구별하지 못한다면 동족도 구분하지 못하고, 암수
의 색깔 차이를 알아보지 못해 사랑의 상대를 찾는 데도 고
생할 듯하다.

　물고기가 정해진 색의 패널을 누르면 먹이가 나오도록
학습시키는 실험이나 물고기의 눈, 특히 망막의 신경세포에
관한 연구를 통해 물고기의 색 구분 능력에 관한 정보가 다
양하게 밝혀졌다.

　담수어인 잉어, 붕어, 블루길, 블랙배스, 무지개송어나 담

수와 해수가 섞인 기수역을 좋아하는 숭어, 농어 그리고 해수어인 방어, 참돔, 전갱이 등은 색을 구별하는 능력을 갖고 있다고 한다. 특히 가짜미끼를 이용한 루어낚시로 낚는 블루길이나 블랙배스 등은 루어의 색을 약간만 달리해도 잡거나 잡히지 않는 것을 보면 색깔의 차이에 매우 민감하는 사실을 알 수 있다.

한편 참치류나 청새치류, 가다랑어, 상어처럼 먼바다를 회유하는 물고기들은 색채 감각이 뒤떨어진다고 알려져 있다. 또한 잉어류라든지 광어와 가자미같이 해저에 서식하는 저서어에게는 자외선이 보이고, 금붕어에게는 적외선이 보인다고 한다.

물고기가 갖고 있는 시각 색소(특정한 색을 인식해서 전기신호로 바꾸는 시신경 속의 물질)는 척추동물 가운데서도 가장 종류가 많고 복잡하다. 이는 물속에 비치는 빛의 색깔이나 밝기가 물의 깊이와 탁한 정도, 또는 식물플랑크톤의 번식 등 여러 가지 조건에 따라 크게 변화하기 때문이다. 어쩌면 척추동물 중에서 가장 눈이 좋은 종족은 '물고기'인지도 모른다.

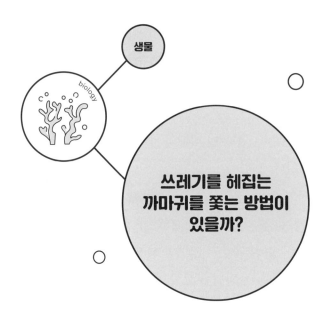

생물

biology

쓰레기를 헤집는
까마귀를 쫓는 방법이
있을까?

산에서 곰이 덮치거나 사슴이나 멧돼지가 농가로 내려와 농작물을 파헤치는 등 인간과 야생동물과의 관계는 그다지 좋다고 볼 수 없다. 이러한 문제는 대부분 사람의 생활권이 확대되어 어느 사이엔가 야생생물의 영역을 침범하면서 불거지고 있다.

하지만 야생동물도 거침없이 인간의 영역을 침입하는데, 그 대표적인 사례가 도시에 사는 까마귀다. 색이 검어서 기분 나쁘다고 여기는 것은 인간이 제멋대로 갖는 편견이라고 해도, 까마귀는 새 중에서도 몸집이 크고 부리가 뾰족한 데다 울음소리까지 시끄럽다. 둥지 근처로 다가간 사람을 위협하고 공격하며, 둥지를 만드는 재료로 쓰려는지 베란다에 널어놓은 세탁물이나 옷걸이를 훔치기도 하고 전신주와 송전선에 둥지를 만들어 누전과 정전을 일으키는 등 까마귀로 인한 무수한 피해가 보고되고 있다. 무엇보다 무리 지어 쓰레기를 뒤져 흩뜨리며 환경을 비위생적으로 만드니 여간 성가신 존재가 아니다.

까마귀는 야생동물에 속해 야생생물법으로 구제와 포획이 제한되어 있다. 게다가 도시에서는 총기를 사용한 사냥을 규제하는 데다 덫을 설치할 수 있는 장소도 한정되어 있다. 그렇다면 까마귀에 어떻게 대처해야 할까.

삼림에 살다가 도시에 적응해서 서식지를 넓힌 큰부리까마귀*Corvus macrorhynchos*로 골치를 앓는 일본의 경우 환경성 자료에서 "선입견이나 억측을 피하고 객관적 사실을 과학적인 방법으로 습득해 대응하자"라고 명기하고 까마귀가 일으키는 폐해에 안일하게 대응하지 않도록 권장하고 있다. 우선 까마귀 문제가 쓰레기 산란인지 소음과 불쾌감인지, 위협과 공격인지 아니면 위생 문제인지를 명확히 한 다음, 목표를 정해 대책안을 마련하고 마지막 단계로 시행 효과를 확인하는 지극히 과학적인 사고방식이다.

만약 쓰레기 문제라면 쓰레기장과 수거 용기 연구, 조류 방지망 설치, 자치단체의 협조로 수거 시간 변경, 쓰레기 감량 등 여러 가지 방법을 취해야 한다. 까마귀를 쫓기 위한 모형이나 눈알 모양의 시각적 위협은 일시적 효과밖에 없으므로 조류 방지망은 까마귀 피해 대책용으로 그물코가 촘촘한 것을 고른다든지, 추를 매달아 단단히 잠그는 등 철저하게 관리하지 않으면 안 된다.

까마귀의 시각을 역이용해 내용물이 보이지 않는 비닐봉지도 만들었지만 '보이지 않는 비닐봉지 속에 먹을 것이 있다'라고 까마귀가 학습하면서 오히려 역효과가 나기도 했다. 까마귀는 영리한 생물이다.

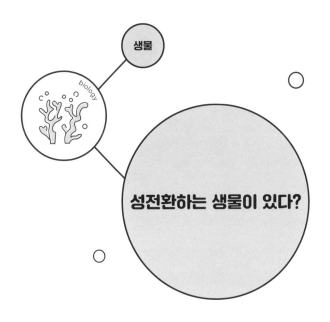

생물

biology

성전환하는 생물이 있다?

일본에서는 연간 3000명 정도가 성별 불일치gender incongruence로 성전환 수술(성별 적합 수술)을 받는다고 한다. 인간의 성전환은 외모와 체형을 이성과 비슷하게 하는 외과 수술로, 수술한 시점에서 생식능력을 잃기 때문에 생물학적 '성전환'이라고는 말하기 어렵다. 그런데 생물계에는 성전환을 하는 생물이 있다.

척추동물 중에서는 어류가 성전환하는 것으로 잘 알려져 있는데, 특히 체외수정을 하는 경골어류에 많다. 이 경우 어린 물고기일 때는 성별이 분명치 않다가 어느 정도 크기로 자라면 성적으로 성장하기 시작하고 그 후 수컷과 암컷의 성별이 결정된다.

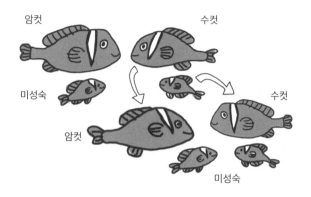

암컷　　　　　수컷

미성숙

수컷

암컷

미성숙

예들 들어, 흰동가리는 한 무리 안에서 가장 큰 개체가 암컷이 되고 두 번째로 큰 개체가 수컷이 되며, 나머지는 성적으로 미성숙한 상태로 지낸다. 암컷이 외부의 적에게 공격을 받거나 해류에 휩쓸려 무리에서 사라지면, 두 번째 수컷이 암컷이 되고 성적으로 미성숙한 무리 중에서 가장 큰 개체가 수컷이 된다. 이렇게 수컷이 암컷으로 성전환을 하는 것이다.

반대로 먼저 암컷으로 성숙하고 성장이 진행되어 우위가 되면 수컷으로 전환되는 어류도 있다. 청소어로 유명한 청줄청소놀래기*Labroides dimidiatus*는 우위가 되어 수컷이 된 후에도 다시 열위가 되면 암컷으로 돌아간다. 새우류 중에도 수컷에서 암컷으로 성전환하는 종이 있다.

식물 천남성˙은 어릴 때는 수꽃만 피워 지하로 뻗은 줄기에 영양을 비축하고 다음번에는 암꽃만 피운다.

반면에 연골어류, 양서류와 파충류, 조류, 포유류는 성전

˙ 숲의 나무 밑이나 습기가 많은 곳에서 자라는 다년생초본.

환을 하지 않는다. 이들은 발생 초기에 체내수정을 위한 전용 생식기를 만들어야만 해서 나중에 성을 바꿀 수는 없기 때문이다.

먼 미래에 유전자 기술과 재생 의료가 더 발달하면 '기능으로' 인류의 성전환도 가능해질지 모르지만 윤리적 측면에서 과제는 항상 남아 있을 것이다.

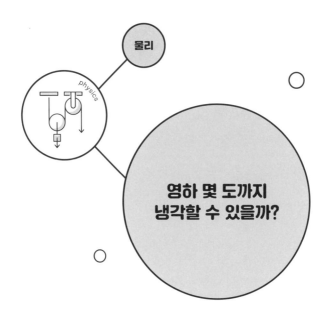

물리

physics

영하 몇 도까지
냉각할 수 있을까?

섭씨 영하 273.15도(-273.15℃)는 '절대영도'라고도 불린다. 온도 지표 켈빈K으로 표시할 때의 '0'도0K이며, 그 이하의 온도는 존재하지 않는다고 하는 기준 수치다. 원래 '온도'는 원자나 분자 등 물질의 진동을 나타내고 있어 완전히 정지한 상태를 0도로 정한 것이다.

물질의 온도를 계속 내리면 어디까지 냉각시킬 수 있을까. 가정용 전기냉장고의 냉동실 안은 영하 20도, 드라이아이스는 영하 79도 정도이며, 과학 실험 시연에서 사용하는 액체질소는 영하 196도, 로켓 연료 등에 사용하는 액체수소는 영하 253도 정도다. 그래도 절대영도보다 20도나 높다.

액체 헬륨을 사용해 영하 270도 정도까지는 냉각시킬 수 있지만 그 이하의 온도로 낮추려면 '단열소자'나 '레이저 냉각'* 같은 특수한 원리와 장치를 사용해야 겨우 가능하다. 이들 방법은 하나의 원자나 분자의 운동(진동)을 주위에서 강제로 자기 또는 레이저광으로 억제하는 것이다.

그런데 끝없이 절대영도로 가까이 가면 원자는 양자론적으로 움직이게 되어 물리법칙도 확률이 지배하게 된다. 플러스의 초저온 물질이 있다면 마이너스의 초저온도 같은 확률로 존재한다.

분명히 영하 273.15도 이하의 온도도 '이론적으로는' 존재하지만 그 상태를 오래 실현하기는 불가능하다. 아직 연구가 시작된 지 얼마 안 되어 이론도 물성도 밝혀지지 않았다. 현재 실생활 속에서는 영하 273.15도보다 낮은 온도는 없다고 생각하면 된다.

---

   * 하나 또는 그 이상의 레이저를 사용해 원자나 분자를 절대영도 근처까지 냉각시키는 방법.

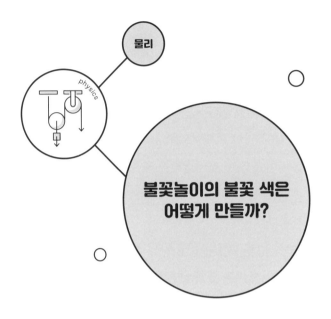

물리

physics

불꽃놀이의 불꽃 색은 어떻게 만들까?

과학 시간에 '염색반응'이라는 용어를 배운 기억이 있을 것이다. 금속이 불꽃에 닿으면 금속 고유의 색을 나타내는 반응이다. 빨간색이나 초록색을 비롯해 형형색색으로 빛나는 불꽃놀이 색도 염색반응에 의한 것이다. 불꽃을 내는 화약 안에 여러 종류의 금속 가루를 섞으면 불꽃에 색이 나타난다.

높이 쏘아 올리는 불꽃놀이에 사용하는 화합물로 질산스트론튬이나 탄산스트론튬, 탄산칼슘 등이 빨간색을 내며, 금속으로는 스트론튬이나 칼슘이 빨간색과 주황색으로 빛을 낸다. 나트륨 화합물은 노란색, 바륨 화합물은 초록색을 띤다.

염색반응은 금속이 연소해서 빛나는 것이 아니다. 높은 온도에서 금속 원자의 최외각最外殻*을 돌고 있는 전자가 '여기勵起**'되고, 더욱이 외측 궤도로 옮겨지지만 원래의 궤도로 돌아갈 때 남은 에너지를 빛으로 내는 현상이다.

최외각에 몇 개의 전자가 있느냐에 따라 여기가 잘되기도 하고 안 되기도 한다. 전자가 적은 쪽이 불안정하고 에너지를 받아들이기 쉽다. 1가價 원자에는 리튬lithium, Li, 나트륨natrium, Na, 칼륨kalium, K, 루비듐rubidium, Rb, 세슘cesium, Cs 등이 있고, 2가 원자에는 베릴륨beryllium, Be, 마그네슘magnesium, Mg, 칼슘calcium, Ca, 스트론튬strontium, Sr, 바륨barium, Ba 등이 있다. 화학 교과서에 실려 있는 '원소주기율표'에서 왼쪽 2개의 열에 포함되는 원소들이다. 불꽃 색깔을 내는 데는 구리 같은 예외도 있지만 주로 염색반응을 일으키기 쉬운 물질이 이용된다.

참고로 일본에서 불꽃을 쏘아 올리기 시작한 때는 에도시대였다. 당시 금속화합물을 구하지 못한 사람들은 불꽃을 만들기 위해 여러 시행착오 끝에 철분과 송진 등을 부숴 화약에 섞어 연소시켰다. 철은 금속이지만 염색반응을 일으키지 않기 때문에 열로 녹여 어두운 붉은빛이 났을 뿐이다. 그래서 에도시대의 불꽃은 '와카和火'라고도 불리며 빨간색에서

* 전자가 존재하고 있는 전자껍질 중에서 가장 바깥쪽에 있는 전자껍질.
** 양자론에서 원자나 분자에 있는 전자가 바닥 상태에 있다가 외부 자극에 의해 일정한 에너지를 흡수해 더 높은 에너지로 이동한 상태.

주황색의 어두운 빛이었다고 한다.

	1	2	11	13
1	H			
2	Li	Be		B
3	Na	Mg		Al
4	K	Ca	Cu	Ga
5	Rb	Sr	Ag	In
6	Cs	Ba	Au	Tl
7	Fr	Ra	Rg	Nh

<1족>
리튬[Li]...진홍색
나트륨[Na]...노란색
칼륨[K]...담자색
루비듐[Rb]...암적색
세슘[Cs]...청자색
<2족>
칼슘[Ca]...등적색
스트론튬[Sr]...진홍색
바륨[Ba]...황록색
<11족>
구리[Cu]...청록색
<13족>
붕소[B]...초록색
갈륨[Ga]...청색
인듐[In]...남색
탈륨[Tl]...담녹색

염색반응에 관계하는 원자. 각각 다른 불꽃 색을 낸다.

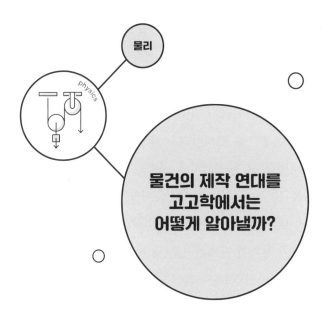

물리

物건의 제작 연대를
고고학에서는
어떻게 알아낼까?

아주 옛날에 만들어진 물건의 제작 연대를 과학적으로 조사하는 일을 '연대 측정'이라고 한다. 역사적 유물의 경우 자주 이용되는 방법은 '방사성 탄소 연대 측정법'이다. 대략 3~5만 년 전까지라면 약 170년의 오차 범위 내에서 알아낼 수 있다(수백 년 전까지는 오차가 몇 년 정도밖에 나지 않는다).

이 방법을 사용하면 탄소를 몸에 섭취하는 생물의 유체 (목재나 뼈) 연대를 상당히 정확하게 구할 수 있다. 암석(석기) 등의 연대는 측정할 수 없지만 같은 지층에서 나온 조개껍데 기나 매목*, 목탄, 토탄** 등 유기물의 연대를 알 수 있으므

---

* 오랫동안 흙 속에 묻혀 화석처럼 된 나무.
** 땅속에 묻힌 시간이 오래되지 않아 완전히 탄화하지 못한 석탄.

로 그 자료를 토대로 연대를 추측할 수 있다.

자연계에는 대량의 탄소가 있다. 그 대부분이 '탄소-12'다. 탄소는 원소 중에서도 특히 안정되어 있어 항성 속에서 만들어진 뒤 변화하지 않고 계속 존재한다. '탄소-13'도 전체의 1.1퍼센트를 차지한다. 이들 탄소-12, 13과 똑같은 성질을 지닌 것이 '탄소-14'다. 탄소-14는 지구 대기의 외층에서 아주 조금씩 만들어진다. 하지만 불안정하기 때문에 방사선을 내고 붕괴하며 서서히 사라져 수가 점점 줄어드는데, 그 시간이 정확한 시계처럼 꼭 맞게 정해져 있다. 100개의 탄소-14가 절반인 50개가 되기까지의 기간이 탄소-14의 '반감기'이며 그 시간은 5730년이다.

자연계(생물)에는 탄소-12와 탄소-13이 1조 개 있고 탄소-14는 1개밖에 없다. 그런데 한 사람의 인간에게는 방대한 탄소 원자가 있기 때문에 1초 동안 약 2500개의 탄소-14가 방사선을 내고 붕괴해간다. 이것이 인체의 탄소-14에 의한 자연 방사선량(약 2500베크렐Bq [●])인 것이다.

생물은 탄소-12, 13, 14를 전혀 구별할 수 없다. 그래서 살아가는 동안에는 일정량의 탄소-14를 흡수한다. 죽은 시점에서 탄소의 흡수를 멈추기 때문에 유체의 탄소-14는 차츰 감소된다. 방사선량을 측정하면 탄소-14의 잔량, 즉 죽고 난 후의 연대를 알 수 있는 것이다.

● 방사능 측정 단위.

한 가지 기억해야 할 것은 세계적으로 이용하는 탄소 연대 측정의 기준이 일본 후쿠이현에 있는 '스이게쓰호水月湖' 밑바닥에 쌓인 퇴적물이라는 사실이다. 7만 년분이 깨끗하게 지층을 이루고 있어 탄소-14의 변동이 절대치 기준으로 기록되어 있다. 이 기준을 토대로 더욱 정확한 연대 측정이 가능해졌다.

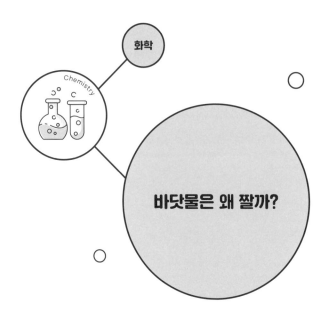

화학

Chemistry

바닷물은 왜 짤까?

바닷물이 짠 이유는 바다에 소금(염화나트륨)이 대량으로 녹아 있기 때문이다. 교과서에도 "염소를 함유한 물에 육지의 나트륨이 녹아 염화나트륨이 생성되었다"라고 명기되어 있지만 왜 그렇게 되었는지는 설명되어 있지 않다. 그 궁금증은 지구의 탄생까지 거슬러 올라가면 풀린다.

소행성이 충돌 후 합체해서 커진 것이 지구의 시초다. 충돌할 때의 에너지가 열이 되어 행성 내부에 고이고 여기저기서 대규모 화산활동을 일으켰다. 소행성의 암석에 녹아든 물과 이산화탄소가 화산가스로 분출되어 원시적인 대기를 만들어냈다.

이윽고 지표 온도가 내려가면 대기 중의 수증기가 액체

인 비가 되어 내린다. 이때 비는 마그마의 가스 성분을 녹여 넣은 황산이나 염산 같은 것이었다고 상상할 수 있다. 맹렬하게 퍼붓는 비가 1000년 가까이 계속해서 내려 '원시의 바다'가 생겨났다.

산성비는 지표 암석에 함유된 알카리성의 칼슘과 나트륨, 그리고 철 등의 금속 성분을 바다에 녹여 넣는다. 이윽고 비의 산성과 암석의 알카리성이 중화되어 화학적으로 안정되어야 하는데, 이때 다음과 같은 현상이 나타난다.

① 칼슘은 이산화탄소와 반응해서 물에 녹지 않는 석회암(탄소칼슘)이 된다.
② 나트륨은 비의 염산과 반응해서 염화나트륨(바다의 염분)이 된다.
③ 철은 황산철이나 산화철이 되어 침전한다.
④ 바다에 녹아든 다른 금속 성분도 바다 밑으로 천천히 가라앉아 해저 자원이 된다.

이것이 약 46억 년 전 지구 탄생에서 약 44억 년 전의 원시 바다 탄생, 그리고 약 40억 년 전에 바다와 육지가 나뉘기까지의 시나리오다. 바다는 태어날 때부터 짰던 것이다. 그러고 나서 한참 지난 약 38억 년 전에는 바다에 생명이 탄생하게 된다.

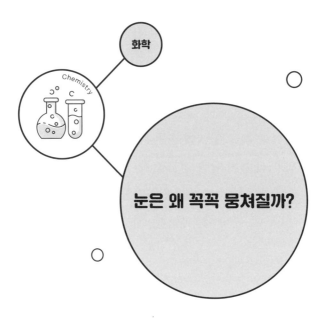

화학

Chemistry

눈은 왜 꼭꼭 뭉쳐질까?

눈을 뭉쳐 만든 눈덩이를 상대편을 향해 던지는 놀이인 눈싸움이 오늘날에는 스포츠로서 규칙이 정해져 국제적인 대회도 열리고 있다. 놀이든 스포츠 대회든, 사용하는 눈덩이는 눈을 단단하게 뭉쳐서 만든다. 경기에서는 전용 도구를 사용해 눈덩이를 만들지만 보통은 적당한 양의 눈을 집어 올려 양손으로 단단하게 꼭꼭 뭉쳐 던질 수 있는 덩이로 만든다. 그런데 모래는 덩이로 뭉쳐지지 않는다.

이 현상은 발자국에서도 나타난다. 눈 위를 걸어가면 선명하게 발자국이 남지만 바슬바슬한 모래사장에는 발자국이 남지 않는다.

그 이유는 '물'과 '얼음'의 특수한 성질과 관련이 있다. 많은 물질이 액체 상태에서 고체로 바뀌면 부피가 줄어들지만 물은 얼어서 고체가 되면 부피가 늘어나는 특이한 성질이 있기 때문이다. 그 예로, 냉장고의 냉동실에서 물을 얼리면 가운데가 약간 볼록한 얼음이 만들어지는데, 이 볼록한 부분이 부피의 증가를 의미한다. 얼음의 부피를 줄이려고 무언가를 꽉 대고 압력을 가하면 온도는 그대로이면서 부피를 줄이려고 녹는 것이다.

물이 얼어 결정화된 것이 '눈'이다. 눈도 물의 '얼음'인 셈이다. 세게 눌러 단단하게 하면 눈에 손의 힘이 가해지면서 눈이 조금 녹아 물이 되어 눈가루끼리의 간격을 메운다. 그리고 손힘을 풀면 물이 다시 얼음이 되어 눈끼리 달라붙는다. 말하자면 물이 순간접착제 같은 역할을 한다.

바다의 모래사장, 파도가 칠 때 습기를 머금은 모래는 손으로 쥐면 뭉쳐지지만 모래알과 모래알 사이는 물 상태 그대로이므로 덩이로 뭉쳐지지 않고 허물어진다. 모래에 물을 머금게 하면 진흙 덩어리가 만들어지는 까닭은 진흙 입자가 너무 작아서 그 사이에 들어간 물의 표면장력이 접착력을 지니기 때문이다. 건조해지면 다시 부서진다.

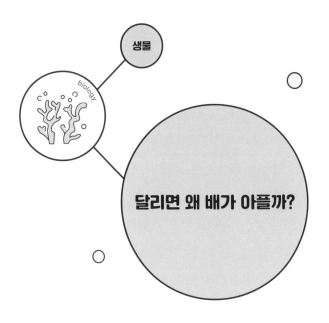

생물

biology

달리면 왜 배가 아플까?

밥을 먹은 후 바로 뛰면 복부가 갑자기 아파올 때가 있다. 왜 그럴까. 아프지 않게 하는 효과적인 방법은 없을까?

일본에서 달리기의 대중화에 힘쓰고 있는 일반사단법인 일본러닝퍼실리테이터협회에서는 달릴 때 배가 아픈 이유를 다음과 같이 설명한다.

① 달리는 진동으로 간장이 위아래로 흔들리고, 그 흔들림으로 횡격막이 당겨져 통증을 느낀다.
② 비장에 일시적으로 고여 있는 혈액을 전신으로 내보내려고 수축되느라 아프다.
③ 운동으로 대장의 움직임이 활발해지면 대장의 가스와

변이 움직여 배가 아파온다.

④ 소화불량으로 위에 경련이 일어 배가 아프다.

①의 경우는 배의 오른쪽, ②의 경우는 왼쪽, ③에서는 왼쪽에서 아래에 걸쳐, ④에서는 배 위쪽이 아프다고 한다. 물론 개인마다 차이가 있기는 하지만 몇 가지 요인이 복합적으로 영향을 미친다고 한다. 특히 식사 후에는 먹은 음식물을 소화시키기 위해 혈액이 위장에 모인다. 그때 전신운동을 하면 혈액이 근육과 순환기로 이동하므로 소화기에 혈액이 부족해져 부하가 걸리는 것이다.

이에 대한 예방책을 알아보자. 먼저 원인이 ①이라면 기초 근력을 키워 내장을 지켜주거나 달리는 방법을 바꿔 상하의 움직임을 최소화한다. ②면 준비운동을 충분히 한다. ③이면 운동하기 전에 화장실에 미리 다녀온다. ④라면 식사를 마친 후 운동하기까지 충분히 시간을 두는 것이 좋다.

특히 ④의 경우 섭취한 음식물에 따라 소화 시간이 다르므로 과일을 먹었다면 30분, 쌀이나 우동은 3~4시간, 고기구이 등 단백질이 많은 음식을 먹었다면 8~12시간이 지난 후에 운동하는 것이 좋다. 달리는 시간을 정해두고 있어 그때까지 식후 휴식 시간을 충분히 취할 수 없다면 차라리 먹지 않고 달리는 방법도 효과적이다.

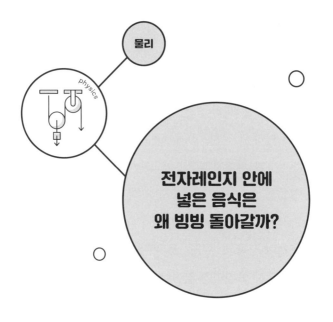

물리

physics

전자레인지 안에
넣은 음식은
왜 빙빙 돌아갈까?

전자레인지로 음식을 데울 때 '가열되는 모습이 잘 보이도록 빙글빙글 도는 것'이라고 생각하지는 않는가. 사실 전자레인지 안을 밝게 비추는 이유에 음식을 잘 보이게 하려는 의미도 있다.

답부터 말하자면, 안에 넣은 음식을 빙글빙글 회전시키는 까닭은 골고루 가열하기 위해서다. 전자레인지는 '마이크로파microwave'라고 불리는 고주파의 전파를 사용해 수분을 함유한 식품을 데운다. 그 마이크로파는 내부의 마그네트론magnetron이라는 원통 모양의 장치에서 만들어진다.

마그네트론에서 나온 마이크로파는 금속판에서 반사되어 레인지 안으로 전달된다. 전자레인지 안을 잘 들여다보면 대개는 오른쪽 위 구석의 일부만 딱딱한 금속으로 덮이지 않았다는 것을 알 수 있다. 그곳이 마이크로파의 출구다.

마이크로파는 직선으로밖에 나아가지 못한다. 출구에서 나온 뒤에는 레인지 내부의 금속에 반사되면서 레인지 내부 전체에 고루 퍼진다. 그런데 마이크로파가 식품에 닿으면 흡수되므로 그 뒤쪽까지는 닿지 않는다.

그렇게 되면 식품이 완전히 데워지지 않기 때문에 식품 전체에 일정한 강도의 마이크로파가 골고루 닿게 하려고 유리판을 회전시키는 것이다.

물론 업무용 대형 전자레인지나 레인지 내부를 넓게 사용하도록 고안한 전자레인지에는 회전 유리판이 보이지 않는 제품도 있다. 이 경우에는 레인지 내부 바닥 면에 전파가

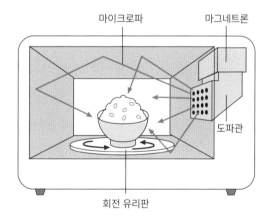

마이크로파가 음식물에 골고루 닿도록 설계되어 있다.

통하기 쉬운 딱딱한 플라스틱이나 유리를 깔고 그 아래에 천천히 회전하는 프로펠러 모양의 금속성 받침이 설치되어 있다. 그 받침에 마이크로파를 반사시켜 레인지 안 전체에 마이크로파가 닿도록 하는 것이다.

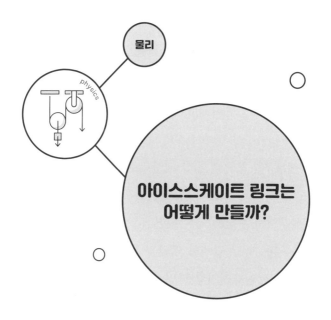

물리

physics

아이스스케이트 링크는
어떻게 만들까?

여름에는 수영장인데 겨울이 되면 스케이트장으로 운영하는 경기장이 있다. 수영장의 그 많은 물을 어떻게 얼리는 걸까? 스케이트장은 전문 업자들이 만드는데, 평평한 장소만 있으면 시작한 지 5~10일 만에 시설을 완성한다. 그 과정을 순서대로 살펴보자.

첫째 날, 수영장의 경우에는 수영장 가장자리 약간 위에 마루를 만든다. 그 외의 실내 스포츠 경기장에서는 원래 있던 마루에 방수 시트와 단열재를 깔고 보강 패널을 올린 뒤 방수 시트를 겹쳐서 냉각 파이프를 깐다. 냉각 파이프는 패널 또는 롤 형상의 판에 성형한 것으로 균일한 간격으로 쉽게 깔 수 있다. 동시에 필요한 대수의 냉각기와 펌프를 관 외에 설치하고 냉각 파이프와 냉각기를 접속시킨다.

둘째 날, 냉각 파이프 속에 영하 6도까지 내린 부동액을 순환시키면서 그 위에서 호스로 물을 뿌려 얼린다. 부동액의 온도를 영하 13도까지 내리고 물을 뿌리면 넷째 날까지는 얼음이 약 5센티미터 두께가 된다.

다섯째 날, 흰색 수용성 페인트로 얼음 전면을 도장하고 스케이트 경기의 종류에 따라 필요한 선을 그린다. 얼음의 온도를 감지하는 센서도 설치한다.

이후에는 링크 위에서 조금씩 물을 뿌려 얼음을 두껍게 한다. 이때 피겨스케이팅용 링크에는 일부러 얼음에 가느다란 금이 가게 해 균일하게 하고, 스피드스케이팅용 링크에서는 얼음의 결정면을 가지런히 하기 위해 고드름(지면에서 올라온 듯한 형상의 얼음덩어리)을 얇게 자른 것을 링크에 깐다. 얼음의 두께가 최종적으로 9~10센티미터가 되었을 때 정빙整氷● 작업을 하면 완성이다.

참고로, 1998년 일본 나가노 동계올림픽 때는 동굴 속에 생긴 고드름을 이용해 스피드스케이팅용 고속 링크를 만들었다. 고드름은 단결정으로 결정면에 따라 표면의 매끄러운 정도가 다르다. 링크 위에 단결정인 얼음을 만들어 얼음 표면에서의 마찰저항을 감소시키려고 한 것이다.

이 특별한 아이스링크는 다른 링크와 비교하면 확실히

● 얼음 표면의 얼음 가루를 제거하거나 물을 뿌려 얼음 표면을 매끄럽게 하는 일.

더 매끄럽다. 하지만 반대로 얼음을 차고 앞으로 나아가는 힘을 발휘하기 어렵다는 점과 선수가 이 링크에 익숙하지 않다는 점 때문에 시합에서 그다지 좋은 기록이 나오지 않아 다음 해에는 사용하지 않게 되었다.

지구
과학

earth science

달은 왜 가끔
빨갛게 보일까?

특히 일몰 무렵 동쪽에서 올라오는 보름달이 호러 영화에서처럼 유달리 붉은색을 띠어 어쩐지 섬뜩했던 적이 있을지도 모른다.

사실 보름달이 지평선 또는 수평선으로 얼굴을 내밀 때는 대개 빨갛게 보인다. 원래 떠오르는 달이 빨간 것은 가라앉는 석양이 빨갛게 보이는 것과 같은 원리다(24쪽 참조).

지구가 둥글기 때문에 낮게 보이는 태양이나 달빛은 대기층 옆으로 긴 거리를 가로질러 달에 도달한다. 대기에 미세한 먼지가 많이 섞이면 가시광 중에서도 파장이 긴 노란빛에서 빨간빛까지가 잘 통해 눈에 도달하면 빨간색으로 보이는 것이다. 석양의 경우, 태양이 밝기 때문에 노란색에서 주황색으로 보이지만 달은 훨씬 어두워 더욱 빨갛게 보인다. 달의 밝기는 보름달일 때도 태양의 약 50만분의 1밖에 되지 않는다.

일몰 후 초승달도 서쪽 하늘의 낮은 곳에서는 붉게 보이지만 이쪽은 어두워 눈에 띄지 않는다. 반달이 서쪽으로 낮게 치우치는 것은 한밤중이므로 애초에 볼 기회가 별로 없다. 일몰 직후에 동쪽에서 떠오른 보름달이 가장 눈에 잘 띄고 인상적일 것이다.

맑게 갠 날이라면 밤하늘에 보름달은 밤새 나와 있지만 높이 떠오르면서 어두운 밤하늘과 대비되어 하얗게 빛나 보인다.

요즘은 6월의 보름달을 '스트로베리 문strawberry moon'이라고 부르기도 한다. 원래는 북아메리카의 일부 지역에서 작물의 수확 시기라고 해서 사용한 호칭으로 딸기와 같이 빨갛다는 의미는 아니다. 다만, 북반구에서는 하지에 가까운 이 시기가 되면 보름달이 하늘의 낮은 부분을 지나기 때문에 대기의 영향을 받기 쉬워지는 것은 분명하다. 즉 겨울보다 달이 조금 더 붉게 보인다.

한편 몇 년에 한 번 정도의 확률로 일어나는 '개기월식' 때는 보름달이 지구의 그림자에 가려지므로 달의 높이에 관계없이 검붉게 보인다.

지구
과학

earth science

구름보다 높은 산에
왜 눈이 쌓일까?

높은 산 정상에서 아래를 내려다보면 구름이 바다처럼 펼쳐진 '운해'를 볼 수 있다. 아래에서 산을 올려다봐도 산 중턱 부근에 구름이 드리워져 있을 때가 있다. 그렇다면 왜 구름보다 높이 있는 산에 눈이 쌓이는 것일까.

추운 겨울날, 눈이 내릴 듯 낮게 깔린 구름의 아래쪽은 지표면에서 약 2000미터 높이에 있다. 하지만 그것은 운저의 높이이며 구름의 윗부분이 어디까지 펼쳐져 있는지 지상에서는 보이지 않는다.

구름의 종류를 높은 곳에서부터 순서대로 보면 지표면에서 고도 1만 미터 전후로 '권운'과 '권적운', '권층운'이, 고도 6000~8000미터에는 '고적운'과 '고층운'이 자리하고 있다.

이들 구름은 한라산, 후지산보다 높은 곳에 생기는데, 눈이나 비를 내리는 일은 별로 없다. 그보다 낮은 곳, 고도 2000미터 부근에 위치하는 '층적운'은 가끔 약한 비와 눈을 내리게 할 정도다.

가끔 집중호우를 쏟아내는 '적란운'은 고도 2000미터에서 위로 1만 미터를 넘을 때까지 발달한 구름이다. 좌좍 거센 장맛비를 불러오는 '난층운'도 구름 아래쪽은 고도 2000미터로 낮지만, 위로는 6000미터에서 8000미터까지 구름이 겹쳐 있다. 이들 구름 가운데는 상승기류와 하강기류가 뒤섞여 있어 비가 위로 말려 올라가 얼기도 하고 눈이 옆으로 몰아치기도 한다.

높은 산이라고 해도 해발고도가 4000미터가 되지 않는다면 구름 꼭대기가 4000미터를 넘는 적란운이나 난층운에서는 눈도 비도 평범하게 위에서 내릴 것이다.

게다가 거센 바람이 옆에서 불어오면 바람은 그대로 산의 표면을 타고 올라가 상승기류가 국지적으로 발생한다. 이때 산 중턱 언저리에 구름이 있으면 그곳에서의 비나 눈이 바람을 타고 아래에서 위로 내리는 일도 있다. 등산할 때 하늘이 맑게 개어 있다고 해서 방심하면 안 된다.

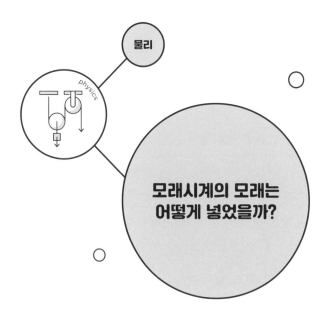

물리

모래시계의 모래는
어떻게 넣었을까?

가운데가 잘록한 유리관 속 모래가 스르륵 흘러 떨어진
다. 모래가 전부 아래로 떨어진 후 유리관을 반대로 뒤집어
놓으면 다시 같은 시간에 걸쳐 모래가 떨어지는 '모래시계'에
는 과연 어떻게 모래를 넣었으며, 어떤 방법으로 만들었기에
시간이 정확한 것일까.

모래시계의 제작은 약간 두꺼운 관 모양의 '유리관'에서
시작된다. 먼저 유리관의 중앙을 버너로 가열해 부드럽게 하
고 양 끝에서 잡아당겨 가운데를 가늘게 만든다. 한쪽 끝을
가열해 관의 구멍을 막고 반대쪽에서 숨을 불어넣으면서 유
리를 부풀려 호리병박 모양으로 만든다.

그다음 모래를 물로 잘 씻고 여러 차례 체로 쳐서 입자의 크기를 고르게 맞춰 준비한다. 유리관 구멍으로 모래를 적당량 흘려 넣고 정확한 시계로 3분 혹은 5분을 측정해 시간이 되면 유리관을 가로누여 더 이상 모래가 들어가지 않도록 한다. 남은 모래를 밖으로 빼내고 유리관 끝을 버너로 가열해 구멍을 막으면 밀폐된 형태의 유리 모래시계가 완성된다.

　이처럼 정확한 시계로 시간을 측정하면서 모래의 양을 정하므로 모래시계의 시간도 거의 정확해지는 것이다. 위아래를 거꾸로 뒤집어 모래를 떨어뜨리면 간혹 정위치의 시계보다 시간이 짧을 때도 있고 길 때도 있다.

　모래시계가 발명된 것은 14세기로, 대항해시대* 이전이었다고 한다. 기원전 6000년 무렵부터 '해시계'가 사용됐는데 비가 오거나 흐린 날, 밤, 그리고 실내에서는 쓸모가 없었다. 기원전 3000년경에는 작은 구멍에서 일정한 속도로 물이 흘러나오는 원리를 이용한 '물시계'가 발명되었지만 흔들리는 배 위에서는 시간을 정확하게 잴 수 없었다. 그래서 물 대신 모래를 사용한 모래시계가 만들어졌다고 한다. 그 후 기계식 시계에 밀리기는 했지만, 짧은 시간을 재는 데 편리해 찻집에서 홍차와 함께 갖다 주기도 하는 등 지금도 애용되고 있다.

　또한 미술품으로서의 가치에 주목해 점성이 있는 오일

---

*　15세기 중반에서 17세기 중반에 포르투갈과 스페인을 중심으로 유럽이 아시아, 아메리카, 아프리카 대륙으로 대규모 항해를 하던 시기.

속으로 2000개의 다이아몬드 알갱이가 천천히 떨어져 내리는 고급 인테리어 소품을 만들기도 하고, 박물관 등에 전시하는 대형 모래시계를 제작하기도 했다.

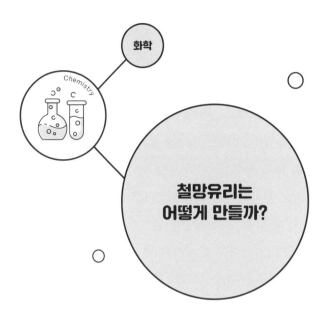

화학

Chemistry

철망유리는
어떻게 만들까?

창문 유리에 가느다란 철사가 들어 있는 것이 있다. 특히 화재 우려가 있는 도시에서 철망유리를 많이 볼 수 있는 것은 이 유리가 '방화 설비 유리'기 때문이다.

유리는 원래 열에 약해서 주택 화재 등으로 약 1000도의 불길을 뒤집어쓰면 쉽게 금이 가고 깨진다. 건물 외벽에 방화 기능이 있더라도 유리가 부서진 창으로 불길이 들어오면 순식간에 건물 내부가 타버린다. 이를 방지하기 위해 금이 가도 유리가 깨져 파편이 튀지 않도록 철망이 들어 있다.

현재 일반적인 판유리는 두 가지 제조 공법으로 완성한다. 원료를 고온에서 질척하게 녹인 뒤 판 모양으로 늘리는 공정이 각각 다르다. 한 가지는 약 232도에서 녹여 고온 액체 상태가 된 금속 주석 위에 녹은 유리를 살살 흘려 부으면서 '떠오르게' 하여 평평하고 매끄럽게 만드는 '플로트 유리float glass' 제작법이다. 또 한 가지는 유리를 롤러로 눌러서 늘려가는 '압연 유리' 제조 공법인데, 플로트 유리만큼 평평하고 매끄럽게 할 수는 없지만 모양을 새겨 넣은 롤러를 굴려 지나게 해서 유리 표면에 가느다란 요철 모양을 입힐 수 있다.

방화 설비 유리는 압연 유리 제조 공법으로 만들며, 롤러로 늘릴 때 유리 안에 철망을 넣는다. 유리의 반대편이 확실히 보이지 않는 불투명 유리 중에 철망유리가 많은 것도 이 때문이다. 철망유리는 유리와 철사의 열 수축률이 달라 부분적으로 뜨거워지는 장소에 설치하거나 단열 효과가 있는 필름을 붙이면 금세 금이 가므로 이런 경우에는 사용하지 않는 것이 좋다.

또한 많은 사람이 착각하지만 철망유리에는 방범 기능이 전혀 없다. 유리의 강도는 보통 판유리와 같아서 단단한 것으로 두드리면 당연히 깨진다. 게다가 철망은 손으로 잡아당기면 쉽게 뗄 수 있을 정도의 강도밖에 되지 않는다. 최근에는 철망이 없는 특수한 내화·방화 유리도 만들어지고 있다.

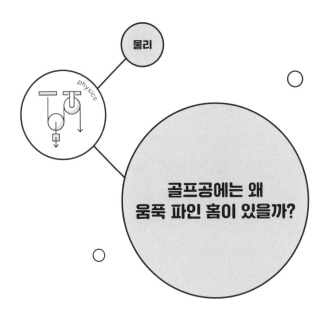

물리

physics

골프공에는 왜
움푹 파인 홈이 있을까?

골프공 표면에 작게 움푹 파인 홈을 '딤플dimple'이라고
한다. 홈을 만들어놓은 목적은 '공이 날아가는 거리를 늘리
기 위해서'라는데, 과연 어떤 구조일까. 움푹 들어간 부분만
큼 공 무게가 약간 가벼워져서 더욱 잘 날아가는 것일까.

골프공은 원래 홈 없이 매끈했다. 그런데 사용하는 동안 흠
집이 났고, 홈이 파이면 왠지 더 멀리 날아갔다. 그 사실을 깨달
은 영국의 정밀 측정기 제조사가 1905년에 딤플의 가공 특허
를 냈다. 현재 골프공 표면에는 300~400개의 딤플이 있다.

일반적으로 공기 등의 유체는 평평하고 매끈한 표면이
있으면 그 면을 따라 흐른다. 골프채로 타격한 반동에 날아
가는 골프공 쪽에서 보자면 주위 공기가 고속으로 흐르는 것

과 마찬가지로 공의 곡면을 따라 공기가 흐르지만, 공이 너무 빠르게 움직이면 공기 흐름이 공에서 떨어져나가 흩어진다. 그러면 날아가는 공의 뒤쪽에서 큰 기류가 흐트러져 공을 앞으로 날게 하는 속도를 빼앗기고 만다. 공기는 될 수 있는 한 공의 곡면을 따라가게 해야 한다.

딤플이 있으면 공의 표면에 작은 난류乱流가 생겨, 곡면을 타고 흐르는 큰 기류가 공에서 잘 떨어져나가지 않는다. 작은 기류의 흐름이 큰 기류의 활동을 억제해 공기저항을 줄여 비행 거리가 늘어나는 것이다.

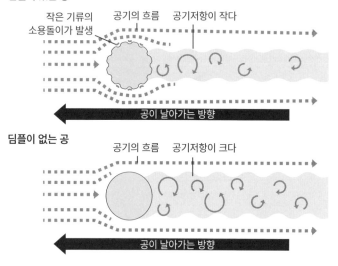

울퉁 파인 홈이 있으면 소용돌이가 생겨 공기저항이 감소한다.

야구공도 마찬가지다. 공을 회전시킴으로써 꿰맨 실밥 자국 같은 솔기의 자잘하고 울퉁불퉁한 표면이 전체에 작용해 큰 기류가 흐트러지지 않게 해서 강속구를 낸다. 회전을 억제한 변화구에서는 큰 기류의 소용돌이가 생기므로 공이 똑바로 가지 않고 휘어 날아간다.

표면을 울퉁불퉁하게 만들어 큰 기류의 소용돌이를 줄이는 기술은 기체나 액체에 효과가 있어, 최근에는 대형 유조선의 밑바닥에 작은 기포를 내서 바닷물과의 저항을 줄이는 마이크로버블 기술이나 송전선을 감싼 피복에 홈을 만들어 흔들림과 소음을 억제하는 기술에도 응용하고 있다.

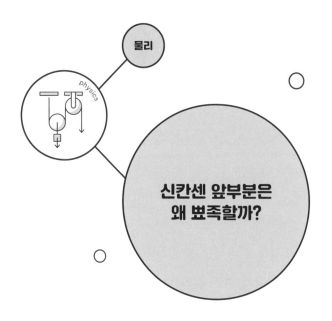

신칸센 앞부분은
왜 뾰족할까?

일본의 기술을 결집해 만든 고속철도 신칸센은 지금까지 몇 세대를 거쳐 내려왔다. 초기의 0계부터 제2세대인 100계, 초창기의 '노조미' 300계, 도호쿠東北·호쿠리쿠北陸 신칸센에 사용한 E5·H5계, 최신인 N700계 등으로 최고 속도가 점점 더 업그레이드되면서 선두 차량의 모양이 크게 바뀌었다. 대를 거듭할수록 선두 차량의 형상이 전체적으로 뾰족해졌다는 것을 알 수 있다.

초대 0계 신칸센은 제트여객기 DC-8의 앞부분을 개량한 모델로, 통칭 '노즈nose'라고 불리는 운전대부터 앞부분까지의 길이가 3.9미터였다. 그런데 최고 속도 시속 320킬로미터인 E5·H5계의 노즈 길이는 15미터가 되었다. 왜 앞부분이 길어졌는지 물으면 대부분은 "공기저항을 감소시키기 위해서"라고 대답할 것이다. 하지만 진짜 이유는 터널 출구에서 나는 소음을 줄이기 위해서다. 터널처럼 좁고 긴 공간에 열차와 같은 막대기 모양의 물체가 고속으로 진입하면 전방의 공기가 갈 곳을 잃고 밀려 압력 차가 발생하면서 차량 전방에 고인 채 앞으로 나아간다. 그러다가 터널 출구에서 압력이 한꺼번에 방사되면서 '쾅!' 하는 폭발음이 부근 일대에 울려 퍼지는 것이다. 이 '터널 미기압파'로 인해 발생하는 소음을 도카이도東海道 신칸센*이 개통될 무렵부터 알고 있었지만, 당시는 레일 아래 깔린 쇄석이 압축파를 흡수했고 최고 속도가 느렸기 때문에 그 정도로 심각한 문제로 부각되지는 않았다. 하지만 레일 밑을 콘크리트판의 슬라브 궤도로 바꾼 산요山陽 신칸센** 이후로 주목받게 되었다.

게다가 시속 300킬로미터 가까운 최고 시속으로 산간지대를 달리며 많은 터널을 지나는 도호쿠 신칸센***에서 특히 터널 미기압파로 큰 소음이 발생하면서 신속히 개선해야 할 상황에 처했다.

터널 미기압파를 줄이려면 노즈를 뾰족하게 하는 동시에

* 도쿄역에서 신오사카역까지 연결하는 도카이여객철도의 고속철도 노선과 그 열차.
** 신오사카역에서 후쿠오카 하카타역까지 연결하는 서일본여객철도의 고속철도 노선과 그 열차.
*** 도쿄역에서 신아오모리역까지 연결하는 동일본여객철도의 고속철도 노선과 그 열차.

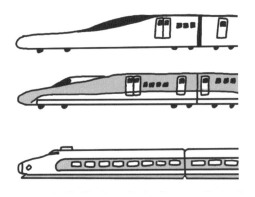

모델을 개선할 때마다 신칸센의 노즈가 길어졌다.

선두 차량의 단면적 변화를 일정하게 해야 한다. 전방의 시인
성視認性을 유지하기 위해 운전대를 앞으로 돌출시키고 그만
큼 움푹 들어간 곳을 측면에 설계한 모델이 E5·H5계였는데,
이번에는 차량이 좌우로 심하게 흔들리는 증상이 나타났다.

최신 모델인 N700계에서는 약 5000종의 디자인으로 컴
퓨터 시뮬레이션을 실시해 소음(터널 미기압파)과 진동, 운전
대에서의 시인성, 종래 열차와의 호환성 등 거의 모든 조건을
만족하도록 설계했다. 게다가 노즈의 길이는 10.7미터로 제
한했다. '단순히 뾰족하게만 하면 된다'고 생각하던 시대는
이미 과거의 일이다.

＊ 대상물의 모양이나 색이 원거리에서도 식별이 쉬운 성질.

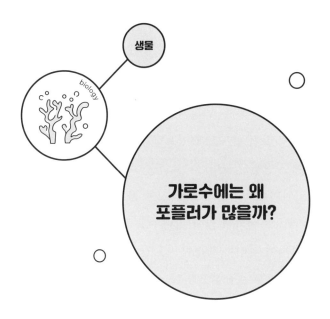

생물

biology

가로수에는 왜
포플러가 많을까?

강변에 많이 심겨 있는 수양버들은 잎이 바람에 산들거리는 모습이 무척 산뜻하다. 같은 버드나무류로 한국에서 많이 볼 수 있는 식물 중에 양버들이 있다. 일반 명칭은 '포플러'다.

포플러는 삼각형 모양에 5센티미터 정도 크기의 잎을 지닌 '낙엽 활엽수'다. 습지를 좋아하고 가지를 위로 뻗어 올리며 성장이 빨라 19세기 말 근대화 개혁 시기에 외국에서 들여올 당시에는 수변 공원 등을 녹지화하려는 목적으로 심는 경우가 많았다. 이후 가늘고 길게 위로 뻗어가는 나무의 특성상 가지치기 작업을 하지 않아도 되기 때문에 포플러를 가로수로 많이 심었다.

주변에서 포플러의 꽃을 볼 기회가 거의 없는 이유는 포플러가 자웅이주(암꽃과 수꽃이 각각 다른 그루에서 피어나 암수가 구별되는 식물)여서 꽃을 피우지 않는 수나무를 주로 들여왔기 때문이다. 암나무는 꽃을 피운 후 열매를 맺는데, 개중에는 긴 솜털이 달린 종자가 있어 6월이 되면 땅에 엄청나게 흩날려 길에도 쌓일 정도다.

20세기 초 홋카이도대학교에 포플러를 가로수로 심을 때 성별을 의식하지 않아 암나무도 많이 심었다. 그래서 포플러 솜털이 날리는 광경이 오늘날 초여름의 삿포로를 상징하는 풍경으로 손꼽히고 있다.

가로수로 쓰는 수목은 몇 가지 조건을 갖춰야 한다. 대기 오염과 사람의 왕래에 강해야 하고, 건조한 날씨나 여름 더위에도 견딜 수 있어야 한다. 또한 성장이 빠르고 수명이 길어야 하며, 병충해에도 저항력이 강해야 한다. 그 밖에도 단풍 든 경관을 즐길 수 있어야 하고, 너무 길게 자라난 가지를 자르거나 모양을 다듬어주는 가지치기의 수고가 들지 않아야 한다는 점도 가로수로 선정하는 중요한 이유로 거론된다.

이를테면 노란 잎이 예쁜 은행나무는 가로수로서의 조건을 충족하지만 암나무에 열리는 열매인 은행의 고릿한 냄새가 고역이다. 플라타너스는 성장이 너무 빨라 가지치기 등 관리에 비용이 많이 들기 때문에 최근에는 선호하지 않는다. 도로와의 경계에 설치된 가로수 난간을 나무줄기가 입에 물고 있는 것처럼 보이는 가로수 대부분이 플라타너스다. 또한 도시에서는 대규모로 농약을 살포하기가 어려워 모충이 잘 생기는 벚나무를 피하고 있다.

이렇듯 가로수를 선택할 때는 외관뿐 아니라 심을 장소에 대한 여러 가지 조건을 살펴봐야 한다.

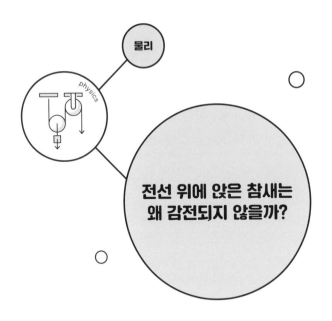

물리

physics

**전선 위에 앉은 참새는
왜 감전되지 않을까?**

전선 위에 참새를 비롯한 작은 새들이 앉아 있는 모습을 자주 보는데, 이 새들은 왜 감전되지 않는 것일까. 간단히 말하면 '거리에 있는 전선은 피복되어 있기 때문'이다.

전선 피복은 구리나 알루미늄 등 전기가 잘 통하는 금속 선의 둘레를 플라스틱 등 전기를 통하지 않는 물질로 감싸는 것이다. 거리에서 볼 수 있는 전선의 대부분은 폴리에틸렌 등으로 피복되어 있어 전선이 잘려 속에 있는 금속 선이 드러나지 않는 이상 전기가 밖으로 나오지 않는다. 새가 앉아 있든, 원숭이가 전선 위를 걸어가든 아무 문제 없다.

예외는 고압의 송전선이다. 높이 30미터가 넘는 철탑에 배선되어 있는 전선은 교류 6만 6000볼트 이상의 고전압에서 송전되고 있어 피복을 한다 해도 전기가 통하므로 감싸는 의미가 없기도 하거니와, 피복하면 전선이 무거워지기 때문에 절연체로 싸지 않아 금속 선이 드러나 있는 '나선裸線'이다. 철도와 노면전차의 가선架線 도 팬터그래프pantagraph 가 접촉해서 차량에 전력을 공급하는 구조이므로 역시 나선이다. 참고로 전차의 가선에는 직류 1500볼트의 전기가 흐르고 있다.

하지만 새는 나선인 고압전선이나 철도 가선에 앉아도 감전되지 않는다. 이는 전기가 갈 곳이 없기 때문이다. 만약 사람이 나선인 전선에 손을 대면 손에서 팔과 몸통으로, 다리에서 지면으로 순식간에 전기가 흘러 감전되고 만다. 1000볼트 이상의 고전압이 되면 설령 전기가 통하지 않는 고무장갑을 끼거나 고무장화를 신고 있어도 관통해서 체내로 전기가 흐른다.

새가 두 다리로 전선 하나에 앉아 있다고 하자. 이때 한쪽 다리로 전기가 들어와도 다른 한쪽 다리를 통해 같은 전선으로 되돌아갈 수밖에 없어 전압 차가 발생하지 않으므로 전기가 흐르지 않는 것이다. 전기는 전압 차가 있어야 비로소 흐르기 좋은 쪽으로 흐른다. 새의 몸과 전선에서는 당연

전력 공급용 전선, 전기철도용 전선을 철탑·철구 등의 지지물에 적당한 높이로 설치하는 것.

가선의 전류를 도입하는 장치.

히 전선 쪽이 전기가
흐르기 쉽다.

그렇지만 현실에
서는 조류가 감전되
는 사고가 여러 차례
일어났다. 날개를 펼쳤을 때 전체 몸길이가 2미터가 넘는 큰
독수리류의 경우, 운 나쁘게 날개의 양 끝이 2줄의 전선에 닿
으면 감전사하고 만다. 까마귀도 전선과 전신주에 동시에 접
촉해 감전되어 전기가 합선된 사례도 있다.

만약 다리가 매우 긴 새가 평행으로 배선되어 있는 2줄
의 전선에 한 발씩 걸터앉아 있다면 역시 순식간에 감전되어
죽을 수도 있다.

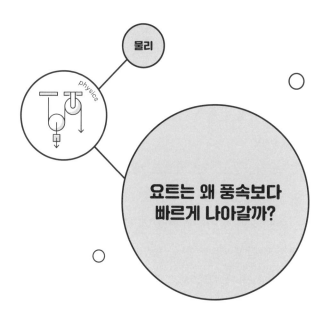

물리

physics

요트는 왜 풍속보다
빠르게 나아갈까?

텔레비전 등에서 요트 경기를 본 적이 있을 것이다. 요트가 천천히 움직이는 것처럼 보이지만 사실 상당한 속도를 내고 있다. 풍속이 초속 5미터 정도의 약한 바람밖에 불지 않는데도 요트는 시속 70킬로미터의 맹렬한 속도로 나아간다. 풍속 '초속 5미터'는 '시속 18킬로미터'밖에 되지 않는다. 그렇다면 요트는 어떻게 풍속의 4배나 되는 속도로 달릴 수 있는 것일까?

요트 경기의 최고봉, 이른바 '바다의 F1'이라고 불리는 '아메리카 컵America's Cup'에서는 전체 길이 24.4미터 이하, 최대 17명 이하의 승선원으로 경주를 펼친다. 요트 본체는 물과의 저항을 없애기 위해 수중 날개로 가능한 한 수면에서 떠올라 전진하도록 설계되어 있어 '하늘을 나는 요트'라고도 불린다.

이러한 최신 요트가 풍속보다 빠르게 항해할 수 있는 이유는 요트의 진행 방향과 바람의 방향이 거의 수직으로 교차하기 때문이다.

바람의 힘만으로 움직이므로 처음에는 그야말로 선체와 돛을 90도 각도로 하고 돛의 바로 뒤에서 바람이 밀어준다. 그리고 속도가 나기 시작하면 돛과 선체를 수평으로 맞춰 배의 옆에서 바람을 맞게 한다. 돛의 형상을 비행기 날개처럼 구부러지게 하면 양력揚力*도 생겨난다. 이로써 바람의 힘을 원활하게 배의 후방으로 받아넘기며 배가 앞으로 나아가게 된다.

마찬가지로 바람의 힘으로 나아가는 항공기의 일종인 '글라이더'를 생각해보자. 글라이더는 고도 1000미터 상공에서 지상으로 내려오기까지 수평 방향의 거리에서 50킬로미터 멀리까지 비행할 수 있다고 한다. 1킬로미터만 내려와도 50킬로미터나 나아간다. 이 거리 비율은 50배나 된다. 비행 시간이 30분이라면 낙하 속도(날개가 아래에서 밀리는 힘)는 초속 0.6미터 정도인데 시속 100킬로미터로 옆 방향으로 나아가는 셈이다.

최신 요트도 마찬가지로, 거대한 돛(날개)으로 바람의 힘

* 유체 속을 운동하는 물체에 운동 방향과 수직 방향으로 작용하는 힘.

을 받아 그 힘을 최대한 이용해 옆 방향으로 날아간다.

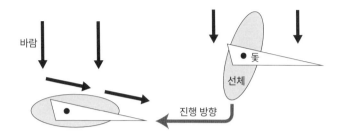

돛의 방향을 바꿔 바람을 옆으로 맞으면서 속도를 높인다.

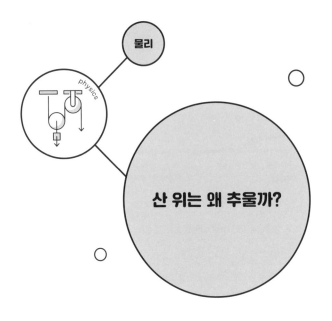

물리

physics

산 위는 왜 추울까?

　과학 교실에서 기온에 관한 이야기가 나오면, 아이들이
어른은 생각해보지도 않을 질문을 던지곤 한다. "산에 오르
면 태양에 가까워지는데 왜 더 추워져요?" 그러고 보니 높은
산에 오르면 햇빛이 강렬해서 얼굴도 쉬이 그을리므로 이런
궁금증이 생기는 것도 이해가 간다.

　하지만 자연에 조금만 관심을 기울이면 평지는 봄기운
이 완연한데도 높은 산 위에는 눈이 쌓여 있는 광경에 의문
이 들 것이다. 일반적으로 해발고도가 100미터 높아지면 기
온은 0.6도 낮아지기 때문에, 한여름에 해발고도 1000미터
전후의 고원에 가면 평지보다 약 6도 낮은 곳에서 지낼 수 있
으므로 고원이 피서지로 주목받는 이유를 잘 알 수 있다.

높은 산의 기온이 더 낮은 이유는 공기의 온도가 주로 지표면에서 전달되는 열로 따뜻해지기 때문이다. 물론 높은 산에도 지표면이 있기 때문에 지표면과 거의 가까운 부분의 기온은 높다. 하지만 조금이라도 바람이 불면 주위의 저온 공기와 섞여 기온이 내려간다.

그 지표면의 온도를 높이는 것은 거의 모두가 태양광이다. 지구의 중심 온도가 약 5500도나 되는 데 반해, 지구 내부에서 지표면까지 전달되는 열에너지는 태양광의 0.04퍼센트에 불과하다. 태양광은 투명한 공기를 통과해 지표면과 해수면에 닿는다. 지표면과 해수면은 태양광 에너지를 받아 온도가 올라가고 수분이 증발해 수증기가 된다. 공기는 수증기나 지표면 또는 해수면에서 열을 받아 따뜻해지는 것이다.

다만 '높은 곳일수록 기온이 내려가는' 것은 지표면에서 10킬로미터(10000미터) '대류권' 안에서의 이야기다. 그 상공의 '성층권'(지상 10~50킬로미터)에서는 높아질수록 기온이 올라가고, 한층 더 상공인 '중간권'(지상 50~80킬로미터)에서는 다시 높아질수록 온도는 내려가며, 더욱 상공인 '열권'(지상 80킬로미터 이상)에서는 높아질수록 온도가 올라간다.

공기는 지상에서 고도 100미터 정도까지는 희박해지면서도 존재하기 때문에 그 사이를 '대기권'이라고 하고, 인간 생활에 영향을 미치는 것은 제트기가 날아가는 고도, 즉 지상 10킬로미터의 대류권까지다.

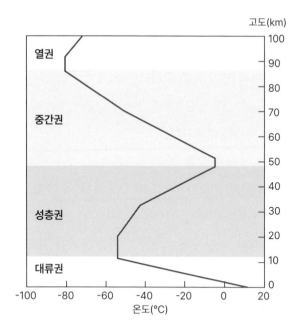

대기층의 구분에 따라 기온이 오르내린다.

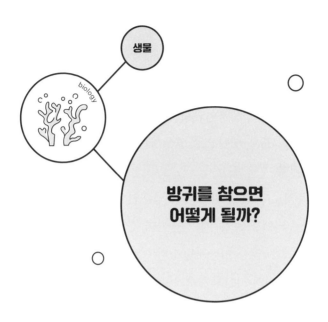

생물

biology

방귀를 참으면
어떻게 될까?

　방귀는 장내에 차 있던 가스가 항문을 통해 몸 밖으로 나오는 현상이다. 장내 가스의 대부분은 식사 등으로 함께 들이마신 공기이며, 주성분은 질소와 산소다.

　전체의 약 10퍼센트는 인간이 살아가는 데 빼놓을 수 없는 장내세균의 호흡으로 배출된 이산화탄소나 메탄, 수소 등이며, 냄새의 원인이 되는 황화수소나 이산화황 등은 섭취한 음식물 중에서 단백질이 분해되어 생성된다.

　방귀를 참으면 건강에 좋지 않으므로 원래는 참지 말고 뀌어야 하지만 때와 장소, 그리고 상황을 잘 살펴 가리는 것이 좋다. 그런데 방귀를 계속 참으면 어떻게 될까.

　장내에 가스가 차면 가장 먼저 장내세균의 환경이 악화

된다. 쉽게 말해 유해균이 증가하므로 장벽에 상처가 쌓이게 된다. 장내 가스의 일부는 역행해서 위장 쪽으로 향하고 마침내 트림으로 입에서 나오지만, 대부분은 장벽에서 재흡수되어 혈액 속으로 녹아든다. 혈액이 몸 밖과 가스 교환을 하는 장소가 주로 폐이므로 결국에는 날숨으로 입과 코에서 나오게 된다.

무엇보다 장내 가스의 주성분인 질소와 산소가 날숨으로 배출되어도 보통 때의 날숨과 같아서 구별되진 않는다. 그다음으로 많은 이산화탄소와 메탄, 그리고 수소는 체내에서 재이용되어 이산화탄소가 되므로 이쪽도 날숨과 같다.

문제는 냄새의 근원이 되는 물질이다. 황화수소나 이산화황에는 독성이 있기 때문에 그 대부분은 간장이 무해하게 만들어주지만 그만큼 간장에는 부담이 된다. 또한 간장에서 처리하지 못한 나머지는 혈류를 타고 온몸으로 옮겨져 땀 등으로 농축되어 배어 나온다. 이는 체취의 원인으로 작용하기도 하고 피부를 거칠게 하는 요인이 되기도 한다.

방귀는 몸속에 필요가 없기 때문에 몸 밖으로 배출하는 것이니 거리낌 없이 내보내야 한다.

생물

biology

뼈로 사망 연령을
추정할 수 있을까?

　백골 사체라고 하면 무의식중에 살인 사건을 떠올리게
되지만, 산이나 바다에서 행방불명되었거나 조난을 당한 경
우도 있다. 한시라도 빨리 신원을 밝혀내는 것이 이들을 애
타게 찾고 있는 사람들을 위한 길이다. 고고학 세계에서도
뼈에서 고대인의 생활 모습을 알아내는 일은 중요하다.

　인간의 사체는 지상이라면 1년, 물속에서는 2년, 그리고
땅속에서는 5~8년 만에 백골이 된다고 한다. 전신의 뼈가 전
부 발견된다면 각 부분의 성장 정도로 대략 나이를 가늠할
수 있다. 드물게 뼈의 일부가 물결에 휩쓸려 해안까지 다다
르는 경우도 있다.

　동물의 뼈인지 인간의 뼈인지는 보면 금세 판별할 수 있

다. 인간의 뼈라면 법의학자가 관여해야 하는지, 또는 역사학인지 고고학인지, 인류학인지도 구별할 수 있다고 한다.

유골의 성별과 사망 추정 연령은 두개골이 있으면 육안으로 성별을 판별하는 '육안판별법'이나 각 신체 부위의 크기를 측정해 이전 데이터와 비교하는 '판별함수법'으로 판명한다. 또한 두개골 봉합suture*의 유착 상태를 보면 5세 간격의 범위별로 사망 시 연령을 판별할 수 있다.

봉합이란 뼈를 결합해 연결하는 들쭉날쭉한 선을 말한다. 태어났을 때는 두개골끼리 붙어 있지 않아 영유아기에 퍼즐 조각처럼 조합되기 시작해 나이가 들수록 차츰 붙는다. 장년기에서 노년기에는 완전히 유착되어 선이 생기고 고령기에는 그 선이 옅어져 점차 사라진다. 그 밖에 남녀 간 차이가 큰 두개골의 형상과 턱뼈 관절·어금니와 아래턱뼈의 유착, 치아의 마모, 척추의 변형 상태도 성별과 연령을 추정하는 자료로 사용된다.

최근 수년간은 뼈조직을 분석해 연령을 추정하는 방법도 실시하고 있다. 대퇴골을 가장 정확히 추정할 수 있다고 하는데, 큰 뼈가 있으면 거기서 지름 4밀리미터의 막대기 모양으로 뼈를 추출해 조사하는 방법이다. 사전에 성별과 연령을 알고 있는 의학 연구용 검체나 사체 검안으로 방대한 데이터를 모아 뼈 단면의 연령별 변화를 현미경 수준으로 측정해

---

* 뼈와 뼈 사이의 좁은 간극을 섬유성 결합조직으로 연결하는 결합.

통계학적으로 비교한다. 데이터가 많은 50세 이상의 연령이
라면 이 방법으로도 사망 추정 연령을 3~5세 간격으로 판명
할 수 있다.

　개인 식별은 골수나 치수에 남아 있는 생체조직의 흔적
에서 DNA를 분석하는 것이 가장 정확하지만, 아직 DNA 데
이터베이스가 적기 때문에 확실히 밝혀내지 못하는 사례가
많다. 그럴 때는 충치 치료나 골절 흔적, 외과 수술 등 의료
데이터베이스를 대조해 확인한다. 유골에 어떤 사건에 연류
된 흔적이 있다면 거의 신원을 알아낼 수 있다고 해도 좋을
것이다.

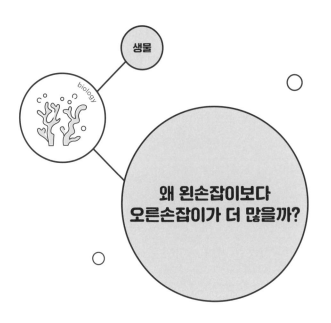

왜 왼손잡이보다 오른손잡이가 더 많을까?

현대인 중에는 왼손잡이보다 오른손잡이가 압도적으로 많다. 오른손잡이가 약 90퍼센트, 왼손잡이가 약 10퍼센트의 비율이다. 세계 종교의 주류를 차지하고 있는 그리스도교, 이슬람교, 힌두교, 불교에서는 오른손을 우위에 두고 있어 왼손잡이를 오른손잡이로 교정해온 역사가 있지만, 오른손잡이와 왼손잡이의 비율이 9 대 1인 것은 지역과 시대, 문화에 관계없이 전 세계가 다 비슷하다.

지금까지는 오른손잡이가 많은 이유를 "살아가는 데 중요한 심장이 몸의 왼쪽에 있으므로 심장을 지키려고 좌반신을 뒤로 빼고 오른손 쪽을 앞으로 내밀고 있기 때문"이라고 알려져왔다.

그런데 체내의 장기 위치가 인류와 비슷한 유인원의 경우는 잘 쓰는 손이 사람과 조금 다르다. 오랑우탄은 왼손잡이, 침팬지는 오른손잡이, 그리고 고릴라는 약한 오른손잡이였다고 한다. 참고로 이때 말하는 '잘 쓰는 손'이란 먹이나 좋아하는 것을 능숙하게 집는 손을 뜻한다.

어느 쪽 손을 주로 사용하느냐의 문제는 아무래도 화석 인류(화석으로 발견된 과거의 인류)가 주로 사용한 손을 조사해야 결론이 날 것 같다. 석기 등 기구가 만들어진 방법으로 알아낸 결과, 지금부터 240만~180만 년 전의 원인류는 오른손잡이가 약 57퍼센트였던 데 비해, 약 1만~2500년 전의 전사시대에는 오른손잡이가 현대인과 비슷한 정도의 비율로 늘어났다고 한다. 그 사이에 무슨 일이 있었는지 살펴보았다. 집단 사냥을 하게 된 후 사냥할 때 서로 움직임에 관해 지시하는 등 의사소통이 필요해지면서 언어가 탄생했다. 인간의 뇌에는 우뇌와 좌뇌가 있는데, 그중에서 좌뇌에 언어중추가 있는 브로카 영역Broca's area이 있다. 언어를 말하는 동안 브로카 영역이 있는 좌뇌가 발달하자 좌뇌가 담당하는 오른손이 더욱 능률적으로 움직이게 된 것이다.

좌뇌가 발달했기에 오른손을 능숙히 사용하게 된 것인지, 오른손이 민첩해져서 좌뇌가 발달한 것인지는 닭이 먼저냐 달걀이 먼저냐의 문제와 마찬가지지만, 언어의 발달과 오른손잡이와의 관계에는 어느 정도 신빙성이 있는 듯하다. 음악가나 예술가처럼 감성이 풍부한 직종에서 일하는 사람들 가운데 왼손잡이(오른쪽 뇌가 지배)가 많다고도 알려져 있기 때문이다.

개에 관해서도 조사했는데, 좌우의 차이는 별로 없지만 수컷은 오른쪽 발을, 암컷은 왼쪽 발을 잘 쓰는 경향이 드러났다고 한다. 고양이는 암수별로 잘 쓰는 발이 개와 반대다. '잘 쓰는 손 또는 발'의 기준이 애매하기는 하지만 말이다.

최근에는 사람마다 잘 쓰는 손이 있는 것처럼, 생물의 좌우 비대칭성이 진화와 관련있다고 여겨 한창 연구를 진행하고 있다. 우리 주변에서 자주 볼 수 있는 '달팽이'의 껍데기도 대부분 오른쪽으로 감겨 있고 왼쪽으로 감겨 있는 달팽이는 극히 적다고 하는데, 이는 달팽이의 포식자인 뱀이 입의 어느 쪽으로 먹이를 잡아먹느냐와 관계가 있다고 한다.

난세포의 분열 방향, 아미노산의 방향, DNA가 꼬인 방향 등 자연계에는 좌우 비대칭성이 무수히 많다. 궁극적으로는 태양계가 탄생했을 때 주위의 우주 환경이 원인이라는 설도 있다. 이렇듯 오른쪽이냐 왼쪽이냐는 매우 흥미로운 주제가 아닐 수 없다.

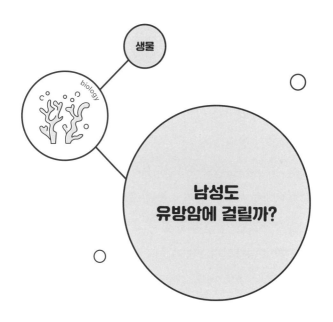

생물

biology

남성도
유방암에 걸릴까?

남성은 여성 특유의 질환으로 여겨지는 유방암, 자궁암, 난소암에 전혀 걸릴 위험이 없을까? 대답은 '그렇지 않다'다. 자궁과 난소는 남성에게는 없는 장기이므로 남성이 자궁암과 난소암에 걸릴 일은 없다(그 대신 전립샘암과 정소암 발병 위험이 있다). 하지만 남성에게도 젖꼭지가 있고, 대개는 미발달 상태지만 유선도 있다. 다시 말해 유방암에 걸릴 가능성이 전혀 없지는 않다.

남성의 유방암 발생률은 유방암 전체의 약 1퍼센트라고 한다. 100명의 유방암 환자가 있다면 그 가운데 1명이 남성이라는 의미다. 더구나 유방암에 걸린 남성 중에는 50세 이상이 많고 대부분 60~70세에 집중되어 있다.

적절한 치료를 받으면 예후는 여성의 유방암과 비슷하지만, 남성 고령자의 경우 가슴에 멍울이 있어도 '혹시 유방암이 아닐까?' 하고 의심해 진단을 받는 일이 적다고 한다. 그렇다 보니 유방암이 상당히 진행되고 나서 발견하는 경우가 많아 사망률도 높다.

　남성 유방암은 폐암 등으로 흉부 방사선치료를 받은 적이 있거나 여성호르몬 증가로 인한 질환, 또는 가족 중에 유방암 병력이 있는 경우의 유전적 요인 등 다양한 요인으로 발병 확률이 높아진다. 이 가운데 해당 사항이 있고 흉부에 이상을 느끼는 중년 이후의 남성이라면 유방암 발병 가능성이 있다는 사실을 잊지 말자.

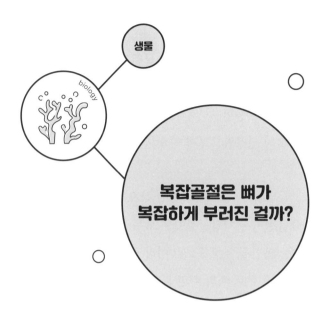

생물

복잡골절은 뼈가
복잡하게 부러진 걸까?

　골절에는 '단순골절'과 '복잡골절'이 있으며, 복잡골절이 치유되는 데 시간이 더 오래 걸린다. 이런 말을 들으면 뼈가 따로따로 흩어져 복잡하게 부러진 것으로 생각할지도 모른다.

　하지만 의학적으로 복잡골절이란 '개방골절'과 의미가 같다. 뼈의 파편 등 일부가 피부를 찢고 나와 노출되어 있는 상태인 것이다.

　밖으로 나와 있기 때문에 뼈와 골수가 체외의 잡균이나 피부 상재균과 직접 접촉해 골수염을 일으키기 쉽다. 이 경우 대부분은 긴급 수술을 실시해 상처 부위를 세정하고 뼈를 고정한다. 일부 뼈의 파편을 잃어버린 경우에는 세정 후 상처 부위를 봉합하고 염증이 나은 다음 인공뼈로 대체하는 수술을 시행하기도 한다.

뼈 주위에는 신경과 혈관이 모여 있고 근육이 덮여 있다. 단순골절(폐쇄골절)이라도 주변 조직의 손상 정도에 따라 혈관이나 근육의 봉합 등 외과 수술이 필요한 경우가 있다. 따라서 골절의 명칭만으로 중증도나 치유 기간을 판단할 수는 없다.

골절 부위가 여러 개의 뼛조각으로 갈라져 있는 상태라면 폐쇄골절이든 개방골절이든 모두 '복잡'하지 않아 '분쇄골절' 혹은 '복합골절(중복골절)'이라고 부른다. 분쇄골절인 경우 금속판 등으로 뼈의 파편을 고정해야 하므로 이때도 대부분 외과 수술이 필요하다. 우리는 평소 주변에서 "뼈에 금이 갔다"라는 말을 종종 듣는데, 이 상태도 골절이다.

다만 뼈가 부러져 2개로 갈라져 있는 상태는 완전골절, 그리고 금이 간 경우는 불완전골절이라고 한다.

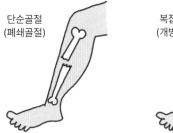
단순골절
(폐쇄골절)

복잡골절
(개방골절)

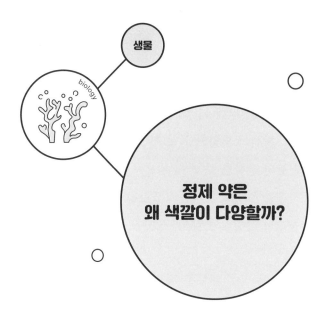

생물

biology

정제 약은
왜 색깔이 다양할까?

몸이 아파 병원에 가서 의사의 진찰을 받으면 약 처방이 내려지고 약국에 처방전을 제시해 여러 가지 처방 약을 구할 수 있다. 예전에는 정제의 대부분이 흰색이었고 색깔이 있는 약은 빨간색 정도였다. 그런데 요즘은 정제의 색깔이 무척 다양하고 화려해졌다.

정제에 처음으로 빨간색이나 파란색 등 색깔을 입힌 국가는 미국이다. 미국에서는 시판약의 종류가 무척 많다 보니 부피가 커지지 않도록 여러 개의 정제를 약통 하나에 넣어 들고 다닌다고 한다. 그래서 행여 약을 잘못 복용하는 일이 없도록 정제의 형태와 색깔을 다르게 표시하려고 아이디어를 짜낸 것이다. 특히 건강보조식품(의약품이 아니다)은 다른 상품보다 눈에 띄게 해서 차별화하기 위한 목적으로 착색하는 경향이 컸다.

건강보조식품이나 시판 약에 착색하는 일이 많아지자 처방 약에도 색을 넣게 되었고, 마침내 한국에서도 처방 약을 중심으로 착색이 도입되었다. 최근에는 정제 자체의 표면에 약제명 등의 글자를 두 가지 색으로 인쇄할 수도 있다. 여러 가지 약제를 하나로 합치는 '1포화 조제'가 보급됨으로써 의료 관계자나 간병인이 약을 구분하기 쉽게 배려한 것이라고 한다.

무엇보다 약은 대부분 직접 입에 넣으면 쓰다. 약을 쉽게 삼킬 수 있게 하려고 약제의 둘레를 아무 맛도 나지 않는 코팅 재료로 감싸는 동시에 색을 입혔다고 한다. 약에 착색을 했더니 깜빡 잊고 약을 먹지 않는 일도 줄었으며, 1960년대부터 정제의 착색 기술이 발달하기 시작해 현재는 몇 가지 색소를 조합해서 사용하고 있어 색의 종류가 수만 가지에 이른다.

여담이지만, 중증 불면증 등의 환자에게 처방하는 수면 유도제로 로히프놀이나 사이레스가 있다. 일본에서는 원래 백색 정제로 출시되었는데, 물에 녹아도 무색무취에 아무 맛도 나지 않는 특성이 있어 음료에 타서 범죄에 악용되는 일이 벌어졌다. 그래서 2015년부터는 물이나 술에 정제를 녹이면 파란색으로 바뀌도록 착색했다. 범죄 예방을 위한 하나의 방책인 것이다.

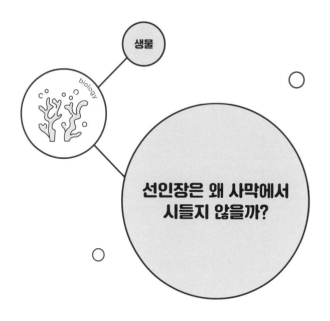

선인장은 왜 사막에서 시들지 않을까?

사막의 식물이라고 하면 아마도 대부분 '선인장'을 떠올릴 것이다. 선인장은 남북아메리카 대륙의 건조 지대에 적응한 선인장과 식물을 통틀어 부르는 명칭이다. 사막 가운데서도 암석사막에 많이 살고 있으며, 막대기 혹은 공 모양을 한 독특한 형태가 많고 뾰족한 가시가 무수히 달려 있다. 선인장은 어떻게 비가 적은 지역에서 살아갈 수 있는 것일까.

우선 선인장이 서식하고 있는 지역의 기후를 살펴보자.

국기에 선인장이 그려져 있는 멕시코의 수도 멕시코시티는 도시 교외에 암석사막이 넓게 펼쳐져 있으며, 사계절이 뚜렷하지 않고 1년 내내 일본의 봄 같은 기온이다. 하지만 월 강수량의 변화가 커서 11월부터 이듬해 4월까지는 거의 비가 내리지 않는 '건기'고, 6월부터 9월은 비가 내리는 '우기'다.

선인장은 이러한 기후 속에서 자라며 우기 동안 줄기 내부에 물을 듬뿍 저장했다가 남은 반년 동안의 건기에 적은 비를 견디며 살아간다. 이 방법이 가능한 가장 큰 이유는 식물의 형태에 있다.

같은 부피 중에서 표면적이 가장 작은 입체는 '공'이고 그다음이 '원통'이다. 공이나 막대기 모양을 한 선인장이 많은 이유가 바로 여기에 있다. 표면적을 작게 하여 체표에서 수분이 손실되는 것을 방지한다.

선인장 가시는 잎이 변한 것이라고 알고 있는 사람이 많지만, 엄밀히 말하면 가시는 작은 가지다. 잎은 현미경을 사용해야 볼 수 있을 정도로 작게 퇴화되어 있다. 잎을 없앰으로써 잎에서 수분 증발을 막고 동시에 표면적도 줄였다. 또한 가시를 온몸에 둘러 물을 찾는 동물에게 먹히지 않고 자신을 지킨다.

선인장이 비가 적은 지역에서 살아갈 수 있는 두 번째 이유는 특수한 광합성 구조를 갖추고 있기 때문이다. 보통 식물은 태양광을 에너지로 하여 물과 이산화탄소에서 탄수화물과 산소를 만들어낸다. 광합성 기능을 원활하게 하려면 재료가 되는 물과 이산화탄소를 동시에 흡수해야 효율이 높으므로 식물은 낮 동안 기공을 열고 공기 중에서 이산화탄소를 받아들인다.

하지만 건조한 계절에는 낮 시간에 기공을 열면 그곳에서 수분을 잃게 된다. 선인장이나 일부 다육식물의 광합성은 'CAM 회로'라는 특별한 구조이므로 흡수한 이산화탄소를 다른 형태로 바꾸어 일시적으로 저장해둘 수 있다. 그래서 기온이 낮은 밤 사이에 기공을 열어 이산화탄소를 흡수해 담아두고 낮에 광합성을 해서 영양분을 생산한다.

다만 CAM 회로의 광합성 효율은 낮아서 그다지 많은 영양분(탄수화물)을 생산하지는 못한다. 따라서 선인장류의 성장은 상당히 느리다.

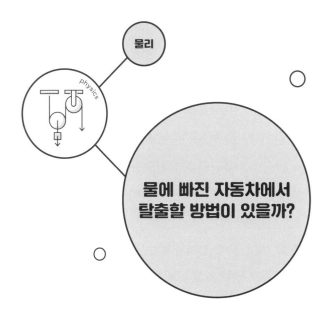

물리

physics

물에 빠진 자동차에서 탈출할 방법이 있을까?

　자동차에 타고 있다가 갑자기 쏟아지는 폭우를 만나는 경우도 결코 드문 일은 아니다. 이런 경우 조심해야 할 일은 지하도를 지날 때다.

　특히 도시에서는 교통 정체를 완화하기 위해 철도나 도로 아래에 파놓은 지하도가 곳곳에 있다. 또한 비로 인해 전방이 잘 보이지 않기 때문에 하천이나 호수 또는 늪으로 낙하하는 사고도 발생한다. 당연히 물속에 잠기게 되는데 자동차에서 탈출하지 못해 그대로 사망하는 사고로 이어진 사례도 있다. 그런 사태를 피하려면 어떻게 해야 할까.

　자동차가 깊은 물이 고인 도로나 구덩이로 들어가면 자동차의 소음기muffler가 수몰된 시점에서 엔진이 정지한다. 엔진이 멈추기 전에 정차하고 후속 차의 안전을 확인한 뒤 차를 되돌리는 것이 가장 좋지만, 만에 하나 그대로 차가 멈추고 말았다면 우선은 침착하자.

엔진에 다시 시동이 걸리면 돌려 나온다. 그대로 물에 감길 것 같다면 자동차는 포기하고 탈출을 시도하자. 자동차 문은 아래에서 20센티미터 잠기면 바깥쪽 수압으로 인해 안에서는 문을 열 수 없기 때문에 모터가 가동되는 동안 파워 윈도˚로 창을 완전히 연다.

이렇게 해도 창이 열리지 않는다면 '긴급 탈출용 망치'를 사용해 앞 유리창 이외의 유리를 깬다. 뾰족한 물건으로 세게 두드리면 깨진다고는 하지만 일본자동차연맹이 실시한 검증 실험에서는 우산 끝 뾰족한 부분, 열쇠, 머리 받침대의 금속 기둥으로는 유리창을 깰 수 없었다.

비상사태가 벌어졌을 때 목숨을 지키려면 안전벨트 커터 기능이 있는 긴급 탈출용 망치(두드려 깨는 망치식과 힘이 약해도 꽉 누르면 깨지는 펀치식이 있다)를 준비해서 차 안에 보관해두기를 권장한다. 창 유리를 깨고 나오는 탈출 방법은 차가 충돌했을 때 차 문이 변형되어 열리지 않는 상황에서도 유용하다.

수압 때문에 문이 열리지 않는다면 차 안에 물이 침투해 차 밖의 수위와 비슷한 정도로 차오를 때까지 기다린다. 대부분의 자동차는 엔진이 있는 앞쪽이 먼저 가라앉으므로 호

˚ 스위치를 눌러 자동차 유리창을 자동으로 여닫는 시스템.

흡을 유지할 수 있도록 뒷좌석으로 이동한 다음 문을 밀어 열고 탈출하면 된다. 당황하면 쓸데없이 체력만 소모할 뿐이다. 차 안에서 생명

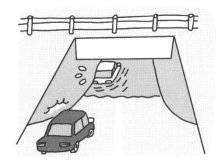

의 위협을 느끼는 경우에는 침착하게 주위 상황을 확인하면서 재빨리 행동하자.

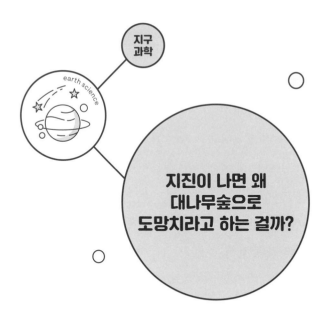

지진이 나면 왜 대나무숲으로 도망치라고 하는 걸까?

　선인들의 지혜가 도움이 되는 경우가 많다. 전 세계에서도 특히 지진이 자주 일어나는 일본에서는 예로부터 "지진이 나면 대나무숲으로 피하라"라는 말이 전해져왔다. 그런데 주변에 대나무숲이 거의 없는 도시에서는 어떻게 하면 좋을까. 그리고 왜 하필 '대나무숲'인 걸까?

　일본에서는 옛날부터 대나무를 다양한 용도로 이용해왔다. 맹종죽은 죽순, 왕대는 일용품이나 장식, 담죽은 건축재로 많이 쓰였다. 그래서 잘 정비하고 적절하게 솎아내면서 관리한 대나무숲은 지면에 통풍도 잘되고 사람이 드나들기 쉬웠기에 일시적인 긴급 피난처로 유용했다.

　대나무가 건강하면 땅속줄기도 건강해서 겉흙을 깊이

50센티미터 정도까지 단단하게 받치고 있다. 넓은 면적이 한 덩어리가 되어 있는 셈이므로 지진이 발생해도 땅이 갈라지거나 토사가 붕괴할 위험이 적다.

하지만 대나무숲은 방치하면 순식간에 황폐해진다. 대나무 한 그루가 죽순으로 태어나서 시들어 쓰러질 때까지 약 9년이 걸린다. 매년 돌보지 않으면 새롭게 태어난 대나무가 과밀해져서 땅속줄기도 야위어 썩고 만다. 시들어버린 대나무가 쓰러져 '대나무밭'이 되는 것이다. 그렇게 되면 지반에서 표층이 떠올라 약간만 경사가 져도 지진으로 흔들리고 토사가 쉽사리 무너진다.

도시 지역에서는 건물과 전신주가 무너지거나 유리 파편이 떨어지는 것을 경계하고 학교 운동장같이 넓고 물에 침수하거나 함몰될 염려가 없는 장소가 긴급피난처로 선별된다. 만약 가까운 곳에 대나무숲이 있다고 해도 당황해서 뛰어들지 않는 것이 현명하다. 바닥이 울퉁불퉁하고 거칠어 사람이 들어가기 힘든 데다 화재로 연소할 위험성도 높다. 대나무는 불이 붙으면 무척 잘 탄다는 사실을 잊지 말자.

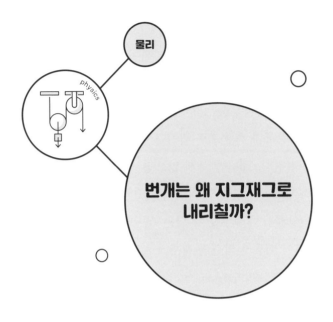

物理 physics

번개는 왜 지그재그로
내리칠까?

적란운같이 높게 성장한 구름에 고인 전하(전기)가 지상으로 떨어지는 기상 현상이 '낙뢰', 즉 벼락이다. 최근에는 사진으로 촬영된 자료가 많아 가지처럼 갈라져 나오거나 지그재그 모양으로 떨어지는 번개 선을 자주 접할 수 있다. 이처럼 그 어떤 번개도 일직선으로는 내리치지 않는다.

성장한 적란운은 구름 바닥의 높이가 약 2000미터, 구름의 꼭대기는 지상에서 약 1만 미터에 달한다. 그 구름 속에는 격한 상승기류가 일어나 전하를 띤 얼음 알갱이끼리 서로 부딪치면서 플러스는 위로, 마이너스는 아래로 모인다.

전기의 플러스와 마이너스는 서로 끌어당기는 성질이 있기 때문에 구름 바닥의 마이너스에 끌려가 구름 상부보다 가까운 지면 쪽에는 플러스의 전기가 모인다. 그러면 구름 바닥에서는 전자가 튀어 올라 공기의 기체 원자와 부딪쳐 전자를 힘껏 튕겨낸다. 그리고 튕겨나간 전자는 다시 기체 원자와 부딪친다. 원자와 전자는 변화무쌍한 모습으로 부딪치지만 대체로 아래를 향한다. 이 현상이 반복되며 전자가 다발처럼 묶여 날아드는 것이 '계단형 선도stepped leader'다.

계단형 선도는 공기에 부딪히면서 다가오기 때문에 곳곳에서 가늘게 꺾여 구부러져 가지처럼 갈라져 나온다. 그리고 한 번에 진행하는 거리는 50~100미터이므로 여러 차례 반복

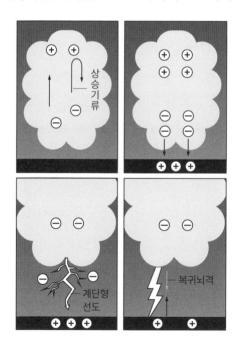

번개는 상공과 지면의 전기가 통하는 현상이다.

되면서 단계적으로 지면 쪽에 접근한다.

계단형 선도가 지면에 접근하면 지면 부근의 공기에도 전기가 통하게 되어 위를 향해 방전이 시작된다. 양쪽이 만나면서 구름에서 지면으로 전기가 통하는 길이 완성되고 지상에서 구름으로 대전류가 흐른다(복귀뇌격return stroke).

보통은 전기를 통하지 않는 절연체 공기지만 복귀뇌격에 의해 가열되면 전기가 잘 통하게 된다. 처음에 복귀뇌격이 지나간 지그재그 길을 따라 지나면서 0.05초 이내에는 구름 밑에서 지면으로 계단형 선도가 일어나고, 다시 지면에서 복귀뇌격이 일어난다. 게다가 0.003초 이내에는 제3의 계단형 선도와 복귀뇌격이 발생하기도 한다.

대개 계단형 선도는 어둡고 아주 짧은 시간밖에 빛을 내지 않기 때문에 사진에 찍히더라도 눈에는 거의 보이지 않는다. 복귀뇌격과 그로 인해 이어지는 제2, 제3의 계단형 선도나 복귀뇌격이 연속해서 밝게 빛을 내는 것처럼 보인다.

큰 해류나 기류의 흐름은 왜 발생하는 것일까. 갑자기 바뀌는 일은 없는 것일까?

지구의 표층(바다와 대기권)에서 일어나고 있는 항구적 '움직임'의 대부분은 태양에서 받는 에너지와 지구의 자전이 관련되어 있다. 우선 태양광이 지구의 적도 부근을 데운다. 따뜻해진 공기는 팽창해서 가벼워지므로 상승한다. 바닷물도 팽창해 부풀어 오르고 주위가 점차 넓어진다. 이 최초의 움직임이 바람과 해류를 만들어내는 힘의 원천이다.

상승한 대기와 해수는 적도 주위의 저위도에서 중위도 지역으로 이동하는데, 이때 지구의 자전으로 생기는 '코리올리 힘Coriolis force'으로 인해 북반구에서는 남에서 북으로 향하는

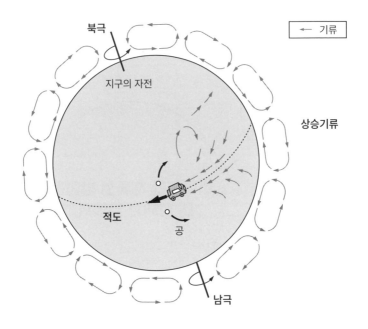

북극

지구의 자전

상승기류

적도

공

남극

기류

동쪽을 향해 힘이 작용하는 것처럼 보인다.

모든 것에 '동쪽을 향하는' 힘이 작용하는 듯이 보인다. 적도 위를 동쪽에서 서쪽으로 직진하는 자동차를 상상해보자.

좌우의 창에서 똑바로 공을 던지면 진행 방향으로 볼 때 오른쪽 창에서 던진 공은 뒤쪽(동쪽)인 오른쪽으로 구부러지게 보이고, 진행 방향상 왼쪽 창에서 던진 공은 왼쪽으로 구부러지게 보인다.

상승한 대기와 해수도 극지역까지 도달하면 차가워져서 수축되고 무거워져 하강한다. 지구 규모에서 큰 대류가 생기는 것이다. 실제로는 하나의 큰 대류환convection cell이 아니

318

고, 북반구와 남반구에 각각 3개의 대류환이 있다. 대기의 흐름(바람)은 큰 산맥이나 육지, 바다의 위치에 영향을 받아 방향을 바꾸며, 해수의 흐름(해류)은 해저 지형과 대륙 끝의 형태가 벽이 되어 진행 방향이 강제적으로 틀어진다.

바람과 해류는 태양광 에너지가 연료, 대류가 엔진 역할을 하고 지구 자전에 의한 코리올리 힘이 진행 방향을 결정하며 대륙 등의 지형 레일을 타고 계속 나아가는 철도와 같다고 생각하면 된다.

그리고 화산활동이나 지진은 지구 내부에서 나오는 열이 일으키는 자연현상으로, 긴 안목으로 보면 대륙 이동이나 해저 봉기를 일으켜 풍향이나 해류에 영향을 미친다. 바람과 해류의 에너지원이 되지는 않으므로 레일을 바꾸는 것이나 다름없다.

'우리 모두의 지구'라고 하면 321쪽과 같은 그림이 그려진 경우가 많다. 이런 그림을 보고 혹시나 '왜 지구 아래쪽에 있는 사람은 우주로 떨어지지 않을까?' 하고 생각한 적은 없는가.

지구를 그릴 때 대개는 북쪽이 위로 오게 해서 그린다. 이는 남반구에 있는 국가도 마찬가지다. 오스트레일리아와 뉴질랜드에서는 여행자를 대상으로 한 기념 상품으로 남쪽을 위로 한 지도를 판매하고 있는데, 학교 교육에서는 북쪽이 위에 있는 지도를 사용한다. 아프리카 대륙의 남쪽에 있는 국가도, 남아메리카 대륙의 국가도 북쪽이 위인 지도를 사용한다.

그런데 지구본을 보면 지구의 자전축(지축)이 기울어져 있는 모습이 재현되어 수직 방향에서 23.4도 기울어져 있다. 이 경우 위쪽은 지구가 태양 주위를 돌고 있는 공전궤도면의 북쪽이다. 미국항공우주국이나 일본의 국립천문대가 공개한 화성과 목성, 토성 등의 행성 사진도 국제적인 관습으로서 행성 공전궤도면의 북쪽을 위로 하고 있다.

그렇지만 이 위아래는 어디까지나 관습적이다. 인간의 상하 감각은 중력이 당기는 방향을 '아래'로, 그 반대쪽을 '위'로 느끼고 있을 뿐이다. 이를테면 지구 둘레를 돌고 있는 ISS는 중력이 더없이 작은 환경에 있기 때문에 그 안에 머물고 있는 우주인에게는 위도 아래도 없다.

지구상에 있으면 중력이 중심을 향해 움직이므로 중심 방향이 항상 아래가 된다. 아폴로 11호의 비행사와 같이 달 표면에 설 수 있다면 달의 중심 방향이 아래다. 더 큰 범주로 생각해보면 태양계의 행성에서 아래는 태양의 방향이 된다. 그렇다면 우주 공간은 어떨까? 우주에는 위도 아래도 없을 뿐 아니라 남북도 동서도 없다. 게다가 중심도 없다.

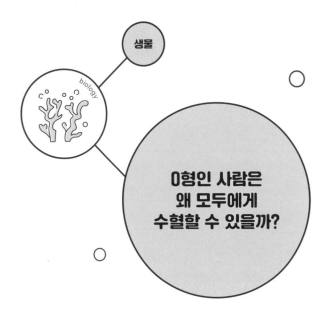

생물

O형인 사람은
왜 모두에게
수혈할 수 있을까?

사실 혈액형에 관심이 많은 나라는 몇 없다. 혈액형에 대한 관심이 높은 가장 큰 원인은 과거에 유행한 혈액형 성격 판단이지만, 지금은 과학적으로 '혈액형과 성격에는 아무런 관련이 없다'고 밝혀졌다. 혈액형으로 성격을 판단하는 것이 신빙성이 있다고 믿는 사람도 적지 않겠지만, 이러한 판단 기준이 유행한 때가 1970년대부터였으므로 '이 혈액형은 성격도 이러하다'라는 일종의 사회적 압력으로 인해 성격과 행동이 나중에 한쪽으로 치우쳤다고 여기는 편이 타당할지도 모른다.

이야기가 빗나갔지만, 사실 많은 사람이 자신의 혈액형에 별 관심이 없다. 사고나 질병으로 수혈을 하게 되면 그때 비로소 혈액에 유형이 있다는 사실과 자신의 혈액형을 알게 된다고 한다. 미국인의 절반 이상이 자신의 혈액형을 모른다고 하는데, 한때 혈액형별 다이어트법 같은 건강법이 유행하면서 약 60퍼센트가 자신의 혈액형을 알게 되었다고 한다.

수혈할 때 왜 혈액형이 중요한 것일까. 혈액형이 다르면 혈액 내 액체 성분인 혈장이 이물질의 침입에 격하게 반응하거나 적혈구가 응집해서 굳어지기 때문이다. 만약 잘못 수혈하면 모든 혈액을 바꿔 넣지 않는 한 죽음에 이른다.

A형인 사람의 경우 혈액의 적혈구에는 A형의 항원이 있고, 혈장에는 B형의 항체가 있다. 반대로 B형인 사람은 혈액의 적혈구에 B형 항원이 있고 혈장에는 A형 항체가 있다. AB형의 적혈구에는 A형과 B형의 항원이 모두 있는 반면 혈장에는 항체가 없으며, O형인 사람은 적혈구에 항원이 없고 혈

혈액형	A	B	AB	O
적혈구의 항원	Ⓐ	Ⓑ	Ⓐ Ⓑ	없음
혈장의 항체	Y B형 항체	Y A형 항체	없음	Y Y A형 항체·B형 항체

ABO식 혈액형의 항원과 항체.

장에 A형과 B형의 항체가 있다.

항원은 면역반응을 일으키는 물질이고, 항체는 특정한 항원에 달라붙는 신체 쪽의 무기다. 같은 유형의 항원과 항체가 만나면 이물 반응과 응집을 일으키므로 다음과 같이 정리할 수 있다.

· A형의 혈액은 A형과 AB형에게 수혈할 수 있다.
· B형의 혈액은 B형과 AB형에게 수혈할 수 있다.
· O형의 혈액은 A, B, AB, O형에게 모두 수혈할 수 있다.
· AB형의 혈액은 같은 AB형에게밖에 수혈할 수 없다.

따라서 수요가 가장 많은 O형 혈액이 수혈할 때 턱없이 부족한 듯했지만 2007년에 특정 효소를 사용해 A형 혹은 B형 혈액의 적혈구에서 항원을 제거해 O형으로 바꾸는 방법이 발명되었다. 이 기술이 실용화되면 O형의 혈액 부족 현상도 해소될 것이다.

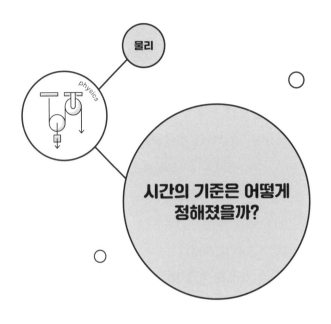

물리

physics

시간의 기준은 어떻게 정해졌을까?

　현재 전 세계에서 사용되고 있는 국제단위계System of International Units를 'SI 기본 단위'라고 한다. 길이인 '미터', 질량인 '킬로그램', 시간인 '초ˢ', 전류인 '암페어ᴬ', 온도인 '켈빈', 물리량인 '몰ᵐᵒˡ', 광도인 '칸델라ᶜᵈ'의 7가지가 국제 도량형총회CGPM에서 공통 단위로 정해져 있다. 이른바 세계 공통 언어로, 2018년 11월 각각의 정의가 개정되어 2019년 5월 20일에 시행되었다.

　여기서는 SI 기본 단위 중에서 대표적인 단위의 유래와 변경 경위를 살펴보고자 한다. 우선 시간의 단위인 '초秒'에 관해 알아보자.

　초는 원래 지구의 자전주기에서 유래한다. 지구가 자전

하는 하루를 24시간으로 나눈 '시時'를 다시 60으로 나눈 '분分', 분을 60으로 나눈 시간을 '초'로 정한 것이다. 하지만 1930년대에 들어서 수정 진동자를 이용한 쿼츠Quartz 시계의 정확도가 향상되자 지구의 자전주기가 변동하고 있다는 사실이 밝혀졌다. 변동하는 것을 기준으로 삼을 수는 없는 일이다. 1960년이 되자 더욱 정확하고 변동하지 않는다고 생각하는 '지구의 자전주기'를 기준으로 하게 되었다. 1년을 365분의 1(윤년은 366분의 1)로 나눈 시간이 하루이며, 하루 86400분의 1을 초로 정했다.

1967년에 소수점 이하 10자릿수의 정확성이 있는 '세슘 원자시계●' 바늘이 째깍째깍 돌아가며 가리키는 초로 정의가 바뀌어 지금에 이른다.

현재는 소수점 이하 18자릿수까지 안정되어 있다고 하는, 더욱 정확한 광격자 시계●●에 대한 연구가 진행되고 있다. 그에 따라 초에 관한 정의도 2026년 무렵에는 새롭게 바뀔 것이라고 한다.

● 　세슘 원자의 진동을 이용해 만든 시계.
●● 　현재의 표준 세슘 원자시계를 대체하는 새로운 시간 표준이 될 것으로 기대되는 시계.

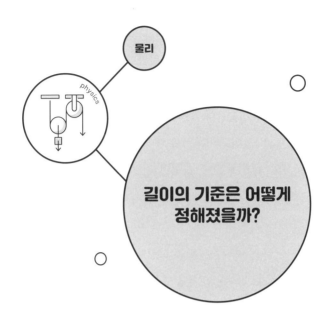

물리

physics

길이의 기준은 어떻게
정해졌을까?

국제단위계의 SI 기본 단위는 1954년에 열린 국제도량
형총회에서 채택되었으며, 그 이전의 공통 단위는 미터, 킬로
그램, 초의 각 머리글자를 따서 'MKS 단위계'라고 불렀다.

이번에는 길이의 단위인 '미터'에 대해 살펴보자. '초'가 지
구의 자전주기에서 비롯되었다면 미터는 지구의 크기에서 유
래한다. 1968년 무렵까지 '2초' 간격으로 좌우로 흔들리는 진
자의 줄 길이를 길이의 한 단위로 정했다. 실측으로는 997밀
리미터다.

하지만 18세기가 끝나갈 무렵 전 세계적으로 교역이 왕
성해지자 지역(중력)에 따라 다소 차이가 나는 진자의 줄 길
이를 기준으로 하면 A국과 B국에서 길이의 기준이 서로 다

르다는 문제가 대두했다. 게다가 그 정의에 당시에는 그렇게까지 정확하지 않던 '초'라는 단위가 포함되었다.

1791년에 들어서 당시에는 변하지 않으리라고 생각하던 지구의 크기를 기준으로 하게 되어 북극과 남극을 연결 짓는 원주 '자오선' 길이의 일부, 구체적으로 북극점과 적도를 통하는 자오선호子午線弧의 1000만 분의 1이 되는 길이를 1미터로 정했다. 이때 비로소 '미터' 단위가 탄생한다. 하지만 자오선의 길이는 측정하는 데 노력과 비용이 많이 들어 여러 번 잴 수가 없다. 그래서 기준이 되도록 1795년에 황동으로 된 '미터 원기meter原器'를 임시로 만들었다.

또한 1799년에는 온도 변화에 잘 팽창하거나 수축하지 않는 백금 원기가 만들어졌고, 1869년에는 그 원기를 1미터의 기준으로 삼는다고 국제적으로 결정되었다. 이후 100여 년은 프랑스에서 만든 백금제 원기를 토대로 복제품을 제작해 각국에 배포하면서 미터가 널리 보급되었다.

그리고 과학기술이 발달한 1960년에 들어서 인공물인 원기가 아닌 불변의 물리량으로서 원소의 일종인 '크립톤'을 발광시켰을 때 나오는 빛의 파장이 기준이 되어 1883년에는 '빛이 진공 속에서 1초간 나아가는 거리인 '299792458분의 1'을 1미터로 하기로 결정했다. 즉 빛은 1초 동안에 약 29만 9800킬로미터를 나아가는 것이다. 이에 따라 광속도 동시에 정해졌다.

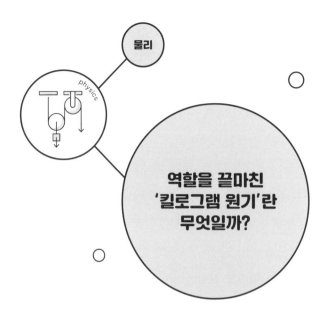

물리

역할을 끝마친
'킬로그램 원기'란
무엇일까?

2019년 5월 20일, 이바라키현 쓰쿠바시에 있는 국립연구개발법인 산업기술종합연구소(산종연)의 금고 안에 안전하게 보관되어 있던 한 물건이 130년에 걸친 제 역할을 조용히 끝마쳤다. 그 이름은 '국제 킬로그램 원기(의 복제)'다.

백금(플래티나) 90퍼센트와 이리듐 10퍼센트의 합금으로 만들어진, 지름과 높이가 모두 약 39밀리미터인 원기둥이다. 아이 손에도 올려놓을 수 있는 크기이며, 무게는 1킬로그램이다. 다시 말하면 그 합금 원기둥의 무게(질량)를 정확하게 1킬로그램이라고 정했다. 지금까지 일본에서는 약품 등의 질량을 정확하게 재는 정밀한 측정은 저울의 눈금이 정확한지를 킬로그램 원기(의 복제)를 기준으로 검사해왔다.

참고로, 1799년까지 1킬로그램은 물 1리터의 질량으로 정의되었다. 하지만 물의 부피는 기압에 의해 변화하며 그 기압을 구하는 데는 공기의 질량이 관련되어 있다. 요컨대 '(물의) 질량을 구하기 위해 우선 (공기의) 질량을 구한다'는 진전 없는 상태가 반복된 것이다.

결국 과학의 근본 토대가 파괴되는 것을 방지하기 위해 1889년 질량의 기준이 되는 국제 킬로그램 원기가 만들어졌고 그 복제가 각국에 배포되었다. 그런데 진공 용기 안에 안전하게 보관되어 반영구적으로 변화하지 않는다고 믿었던 원기 복제의 질량도 100년이 넘는 긴 세월 동안 서서히 무거워졌다. 1년에 1마이크로그램㎍(100만분의 1그램)이라는 아주 작은 질량이지만 엄밀한 계산이 필요한 분야에서는 허용될 수 없는 오차다.

그리고 드디어 질량의 정의가 원기에서 절대적으로 변화하지 않는 물리량으로 바뀌었다. 새로운 정의는 '플랑크상수*'에 기반한다. 대부분의 사람에게는 잘 와닿지 않겠지만, 아인슈타인의 유명한 방정식 '$E=mc^2$'(에너지는 질량과 광속도의 제곱을 곱한 것과 같다)와 관련이 있는 수치다. 그렇다고 해도 실생활에서는 거의 신경 쓰지 않아도 된다.

---

* 양자역학의 기본적인 상수 중 하나로, 1900년 독일의 물리학자 막스 플랑크 Max Plank가 처음 도입해 사용했다.

국제 킬로그램 원기의 이미지(CG).

플랑크상수를

$$6.62607015 \times \boxed{10^{-34} \text{ Js}}^{\text{※}}$$

로 계산하면 결정되는 질량

※10의 마이너스 34제곱 줄세컨드^{Jule Second}

1킬로그램의 정의.

하루 3분 과학

초판 1쇄 인쇄일 2022년 7월 20일
초판 1쇄 발행일 2022년 7월 29일

지은이 이케다 게이이치
옮긴이 김윤경

발행인 윤호권
사업총괄 정유한

편집 정상미 **디자인** 서은주 **마케팅** 윤아림
발행처 ㈜시공사 **주소** 서울시 성동구 상원1길 22, 6-8층(우편번호 04779)
대표전화 02-3486-6877 **팩스(주문)** 02-585-1755
홈페이지 www.sigongsa.com / www.sigongjunior.com

글 ⓒ 이케다 게이이치, 2022

ISBN 979-11-6925-075-7 03400

*시공사는 시공간을 넘는 무한한 콘텐츠 세상을 만듭니다.
*시공사는 더 나은 내일을 함께 만들 여러분의 소중한 의견을 기다립니다.
*잘못 만들어진 책은 구입하신 곳에서 바꾸어 드립니다.